다시 시작하고 싶은 청춘의 1000일 여행기

지구 반대편에서, 버스킹

조성욱 지음

꿈의지도

contents

prologue

몇 년 전부터 우리나라에도 버스킹 바람이 불기 시작했습니다. 처음 버스킹을 시작한 2009년은 아직 버스킹이란 단어조차 낯설던 때였습니다. 군 전역 후 혜화동에 살면서 일주일에 한 번씩 버스킹을 했습니다. 턱없이 부족한 실력이었지만 용기를 무기 삼아 거리로 나갔습니다. 어느 날, 문득 공부에 지친 대학생들이 머리에 스쳐 지나갔습니다. 곧바로 성균관대 정문으로 향했습니다. 연주를 시작하자 학생들은 낯선 풍경에 걸음을 멈추었습니다. 사실 그곳은 음악을 연주하기에 결코 좋은 공간이 아니었습니다. 그럼에도 누군가는 이어폰을 빼고 귀를 기울였고, 누군가는 주변의 벤치에 앉았습니다. 수줍게 곡이 끝나면 사람들은 이내 박수를 쳐주었고, 누군가는 음료수로 감사의 말을 전하기도 했습니다. 텅 비어 있던 공간이 음악으로 가득 채워졌습니다. 누군가에겐 매일 지나다니던 익숙한 그곳이 음악으로 인해 새롭게 변한 것입니다. 이 작은 공간을 따뜻함으로 채워줄 수 있다는 사실에 제 생애 처음으로 음악으로 인해 행복함을 느낀 순간이었습니다.

연주를 시작하면 나는 꽃이 된다.
바람이 뿌리내린 꽃을 흔들듯
잔잔히 진동하는 기타는 나의 몸을 살며시 움직인다.

노란 불빛 아래 조용히 걷는 사람들 사이로
새까만 하늘 위로 뻗은 건물 사이로
고요히 퍼져 나간다.

향기를 맡고 온 아름다운 사람들.
천천히 부드럽게 나의 수술을 드러낸다.
그리고 그들은 내게 물을 준다.

버스킹은 마치 촛불과 같습니다. 그 속에 특별한 따뜻함이 있습니다. 인위적으로 만든 따뜻함과는 차원이 다릅니다. 나는 그 따뜻함이 좋습니다. 어느덧 그 촛불은 점점 더 먼 곳으로 옮겨갔습니다. 그렇게 나의 버스킹 세계 일주는 시작되었습니다.

한국

Korea

화려한 연극은 계속되고,
너 또한 한 편의 시가 된다는 것

'이것은 이것이다, 저것은 저것이다.' 정의 내리는 것에 익숙한 우리들.

올바를 것만 같은 수많은 방향에 노출되어 있는 우리들.

그 방향으로 향함으로써 최소한의 손해는 보장받을지 몰라도, 좀 더 안전할지 몰라도 취향과 호기심을 잃었다. 그것은 좋지 않은 거래였다.

누군가가 제시해준 길 때문에 내 길을 잃고 말았다.

나는 누구인가? 무엇을 할 때 행복한가?

부모님이 옷을 사다주는 나이는 지났다. 유행 따라 옷을 입는 나이도 지났다. 이젠 내게 어울리는 옷을 입어야 할 때가 되었다.

다양한 색깔, 소재, 방법으로 자신에게 기회를 주자.

갇혀 있던 '정의'로부터 독립하자. 나를 보호하던 '상식'으로부터 자유로워지자.

나는 아직 호기심 충만한 청춘이다.

나의 가능성을 실험해보자.

이야기의 시작

2009년 군 전역 후 꿈을 다시 설계했다. 베이커리 카페를 운영하면서 음악 활동을 병행하기로. 경제적인 면을 해결한 다음 음악을 하겠다는 계획이었다. 그러다 여러 나라를 여행하면서 빵 공부를 하고, 그 기록을 바탕으로 세계지도 메뉴판을 만들면 어떨까 하는 아이디어가 떠올랐다. 그 생각은 머잖아 세계 일주라는 꿈이 되었다.

워킹 홀리데이로 떠난 11개월간의 호주 여행은 '탈 계획'의 연속이었다. 친구를 사귀기 위해 가져간 기타는 어느새 직업이 되었고, 매달 꽤 많은 돈을 벌어주었다. 생애 처음 라디오에도 출연하고, 현지 신문과 인터뷰도 했다. 그렇게 조금씩, 그러나 내게는 급작스러운 속도로 내 이야기가 알려지면서 레스토랑에서 정기 연주를 하게 됐고, 어떤 날은 지역 페스티벌에도 참가했다.

당초 여행의 목적이던 빵 공부는 뒷전이 됐다. 하루의 절반 이상을 버스킹을 하면서 보냈다. 그리고 버스킹을 마치고 집으로 돌아오던 어느 밤 황당한 꿈을 품게 되었다. '어쩌면 세계 일주가 가능할지도 몰라' 하고. 버스킹으로 번 돈으로 세계 일주를 한다니, 버스커들도 코웃음을 칠 발상이다.

　　그리고 2012년, 생애 첫 세계일주가 시작되었다. 첫 번째 목적지는 유럽, 그중에서도 예술의 나라 아일랜드였다. 유럽에서 나는 다시 움츠러들었다. 떠나기 전 기대한 유럽과는 모든 면에서 달랐다. 경찰에게 쫓기며 버스킹을 해야 했고, 열심히 버스킹을 해도 내일 밥값을 걱정해야 할 만큼 수입이 적었다. 틈틈이 베이커리에 들러 빵을 사 먹어야 했기에 많이 벌 수 없다면 아껴 쓰는 수밖에 방법이 없었다. 4개월 후 유럽 여행이 끝나갈 무렵에는 휴대폰을 소매치기당했고, 노트북마저 고장 나면서 짬짬이 해두었던 기록이 몽땅 날아가 버렸다. 불행히도 이 사건은 시작에 불과했다. 2주 뒤 남아프리카공화국행을 앞두고 있던 모로코에서 강도를 당한 것이다. 나는 세 명의 강도에게 두들겨 맞고 모든 전자기기와 여권, 신용카드까지 빼앗겼다. 물건들이야 어떻게든 마련할 수 있겠지만, 한 번 잃어버린 용기는 쉽게 돌아오지 않았다. 일단 아프리카로 가는 티켓을 발권한 상태였기에 출발을 결정했다.

　　아프리카 여정은 남아프리카공화국의 케이프타운Cape Town에서 탄자니아까지 이어졌다. 이 검은 대륙은 내게 수많은 길 위의 친구들을 선물했다. 그리고 이 친구들은 내게 물음표를 선물했다. 그들은 나와 달랐다. 그들의 여행은 내 여행과 달랐다. 그들은 하나같이 여행 그 자체가 목적이자 목표였다. 내 여행의 목적은 빵 공부였고, 버스킹 또한 목적을 위한 수단이었다.

　　'나는 미래를 위해 여행하고 있구나.'

　　그걸 깨닫는 순간, 내가 행복하지 않다는 것을 동시에 알게 되었다. 목적을 상실했다. 여행이 불행하게 느껴졌다.

결국 거기서 여행을 멈추고 한국으로 돌아왔다. 잠시 동안 마음을 추스르고 가장 나다운 여행이 무엇이며, 내 가슴을 뛰게 만드는 것은 무엇인지 곰곰이 생각해보았다. 그리고 2013년 3월, 다시 유럽으로 떠났다. 나의 이야기는 그곳에서 시작된다.

아일랜드

Ireland

균형, 조화

여행을 통해 현재와 미래의 중간에서 나를 조율해나가는 과정을 배우고 있다. 언제나 가장 어려운 것은 '적당한 것', 균형이다. 내일을 살아내기 위해 오늘 최선을 다해 벌어야 한다.

현재present는 선물present이라고 했다. 영화 〈죽은 시인의 사회〉에서 키팅 선생은 학생들에게 외친다. "카르페 디엠carpe diem(지금 이 순간을 즐겨라)!" 그러지 않고는 영원히 행복할 수 없기 때문이다.

무엇을 하든 고민은 뒤따르기 마련이다. 현재만 즐기자니 미래가 걱정되고, 미래를 준비하자니 현재가 불행하다. 둘 다 잡을 수 없다는 불가능함을 인정하기로 했다. 그리고 어느 한쪽을 선택하되 결과에 상관없이 나의 태도가 언제나 '행복'과 '감사'로 이어지면 된다는 것을 깨달았다.

현재를 선택했다면 최선을 다해 즐기면 되고, 미래를 준비한다면 그 또한 최선을 다하면 되지 않을까. 결국엔 마음의 연습이 필요하다. 행복은 연습을 통해 만들어나가는 것이다. 그리고 점점 익숙해지는 것이다. 행복을 곁에 두고, 곁에 있음을 자주 알아차려야 한다. 마치 악기를 연습하듯 말이다. 어쩌면 행복해지는 연습이 덜 되어 있기 때문에 불행하다고 느끼는 게 아닐까? 기타를 연주하기 전에 조율을 해야 제 소리를 낼 수 있듯이 삶도, 여행도 조율이 필요하다.

다시 유럽으로 떠나는 길, 이번엔 미래가 아니라 오늘을 위한 여행이다. 버스킹은 수단이 아닌 목적이 될 것이다. 하고 싶은 일, 해 보고 싶은 일을 하며 삶을 살아낼 것이다. 다시는 이 시간이 돌아오지 않을 것처럼.

입국 심사

더블린Dublin 공항은 크지 않았다. 기타를 멘 채 앰프가 든 캐리어를 끌고 입국 심사대 앞에 섰다.

"더블린에는 왜 오셨나요?"

"여행하러 왔습니다."

"얼마나 있을 예정이죠?"

"3, 4개월 정도요."

직원은 굳은 얼굴로 정확하게 "No"라고 말했다. 아일랜드는 비셍겐국가라 6개월까지 머물 수 있다는 얘기를 듣고 어림잡아 4개월이라 대답한 건데, 그 정보가 틀린 걸까? 나를 보는 직원의 눈빛이 심상치 않다.

"더블린 다음으로는 어디로 갈 계획입니까?"

"영국으로 갈 것 같습니다."

"티켓을 보여주시죠."

순간, 정신이 번쩍 들었다. 뭔가 놓친 듯한 느낌이 계속 있었는데, 바로 이거였구나. 유럽에서는 나가는 티켓이 없으면 입국이 불가하다는 걸 알고 있었으면서 왜 그걸 준비하지 못했을까. 아니 왜

안 했을까? 티켓이 없다고 대답했다.

"그럼 통장 잔고 증명서가 있습니까?"

"아뇨…."

"지금 현금을 얼마나 가지고 있습니까?"

"지갑 속엔 20유로만 있습니다."

"인터넷으로 잔고를 보여주시죠."

학생비자로 오는 경우 잔고증명서를 요구할 때가 간혹 있다고 들었다. 다행히 아이패드에 은행 어플을 설치해놓아서 잔고를 확인할 수 있었다. 하지만 잔고는 겨우 50만 원 정도. 턱없이 부족하다. 보통 기준이 500만 원 정도이기 때문이다. 다행히 부모님이 넣어준 주택청약 계좌에 150만 원이 들어 있었고, 합해 보니 200만 원이 조금 넘었다. 환전 어플을 이용해 유로로 보여주니 심사원은 고개를 살짝 갸우뚱했다.

"이번엔 예약한 숙소의 확인 메일을 보여주세요."

다행히 그것은 준비되어 있었다.

"체크아웃이 5일 후인데 이 다음 숙소는 어디입니까?"

돈을 벌면서 여행하는 중이라고 말할 수는 없었다. 이런 식으로 불법체류하는 사람들이 많기 때문이다. 정확한 답변 대신에 둘러대기로 했다.

"여기서 워킹 홀리데이를 하고 있는 친구 집으로 갈 계획이에요."

"혹시 주소를 가지고 있습니까?"

프라하에서 겨우 한 번 만난 사이라 페이스북 친구이기만 할 뿐 아무런 정보가 없었다.

"친구의 이름이 무엇입니까?"

또박또박 친구 이름의 스펠링을 말했다. 직원이 타이핑을 하고 검색을 누르니 같은 이름을 가진 사람들의 얼굴이 화면에 떴다. 그는 한 명을 지목해서 이 사람이냐고 물었다. 사실 아니었지만 그냥 맞다고 대답했다. 이 정도로 세세하게 물어볼 줄은 상상도 못했다. 여전히 의심하고 있는 것이 틀림없었다. 직원은 내게 다시 한 번 물었다.

"한국에 있을 때의 직업은 무엇이었습니까?"

"뮤지션이었습니다."

"어떤 악기를 다루셨죠?"

"어쿠스틱 기타를 연주했습니다."

"이곳에 온 진짜 목적이 무엇입니까?"

이젠 정직하게 얘기해야 할 것 같았다. 진심은 통하겠지. 비장하게 대답했다.

"아일랜드가 유럽에서 버스킹으로 유명하다는 얘기를 들었습니다. 이곳에서 나의 음악을 연주해보고 싶고, 이곳의 음악을 배우고 싶습니다. 문화를 교류하고 싶습니다."

직원은 계속 망설이는 듯했다. 몇 번이고 여권을 뒤적여보며 다녀온 나라들의 입국도장을 관찰했다.

"사실 당신은 입국할 수 없습니다. 나가는 티켓도 없고, 친구 주소도 없고, 번호도 없고, 잔고도 부족합니다. 하지만 저는 당신을 믿겠습니다. 즐거운 시간을 보내기 바랍니다."

쿵!

초록색 도장이 여권에 선명하게 찍혔다.

영화 속 거리에서 용기를 외치다

버스킹을 할 때는 생각해야 할 것이 여러 가지다. 가장 중요한 것은 연주할 타이밍. 작년 유럽에서 버스킹을 하면서 도시마다 버스킹의 반응과 수입이 천차만별이라는 것을 알았다. 그 뒤로 무작정 연주부터 시작하기보다 연주할 거리를 분석해보고, 상황에 맞게 나를 변화시켜야 한다는 것을 깨달았다.

더블린에 온 지도 어느덧 2주가 지났다. 그동안 이곳저곳에서 버스킹을 시도했다. 밤낮을 가리지 않고 연주했다. 여러 시간대에 다양한 장소에서 연주해보면 내 음악이 언제, 어디에서 사람들에게 잘 어필하는지 알 수 있다. 시도 끝에 가장 적절한 장소와 타이밍을 찾았다. 그라프턴 거리Grafton Street의 끝, 오후 12시부터 4시 사이. 길 건너에는 영화 〈원스〉의 촬영지로 관광객에게도 유명하고 현지인들도 자주 찾는 스테판 그린 공원St. Stephen's Green Park이 있고 앞에는 유명한 쇼핑센터, 그 옆에는 언제나 사람들로 붐비는 초콜릿 카페가 있다. 그라프턴 거리는 항상 누군가를 기다리는 사람들이 많아 보였다.

덕분에 어느 정도 수입을 만들어낼 수 있었다. 하지만 머지않아 변수가 생겼다. 날씨가 꽤 따뜻해진 어느 날, 서커스와 차력 쇼를 하는 사람들이 내가 점찍어둔 자리를 점령하고 있었다. 30분을 기다렸는데, 또 다른 팀이 와서는 이 쇼가 끝나면 자신들의 차례라고 말했다. 결국 그날은 허탕을 치고 말았다. 며칠 후에는 갑자기 공사가 시작됐다. 굴삭기와 포크레인이 동원된 큰 규모의 공사였다. 그렇게 며칠간은 또 연주를 못했다. 이번엔 페스티벌 광고를 한다며 그 장소에서 퍼레이드를 했다. 결국 다른 자리에서 연주를 했지만 그곳에서의 수입과 크게 차이가 났다. 점점 화가 났다.

생각 끝에 공사 인부들의 점심시간을 틈타 연주하기로 했다. 공사를 시작한 처음 며칠은 시끄러웠지만 점차 기계는 잠깐씩만 사용하고 손으로 작업하는 일이 많아지는 것 같았다. 인부들은 보통 식사를 마치고 와서 굴삭기를 돌렸고, 나는 그때 재빨리 편의점에서 점심을 해결했다. 처절했다. 누군가가 그 자리를 차지할까 봐, 거기서 연주할까 봐, 갑자기 공사가 다시 시작될까 봐 조마조마했다. 다음 목적지는 캐나다 토론토. 티켓 값을 벌어야 하는데 이 정도로는 어림없다. 걱정이 앞섰다.

어느 날 버스킹을 하고 있는데 갑자기 비가 쏟아졌다. 비를 피하기 위해 잠시 쇼핑센터에 들어갔다. 낯선 사람이 말을 걸어왔다.

"음악 잘 들었어. 어디에서 왔어?"

"한국에서 왔어."

"나 한국 가본 적 있어. 부산, 제주도, 서울."

한국 여자와 결혼했다는 코닐은 오늘이 결혼기념일이라며 지금은 아내를 기다리고 있다고 했다. 조금 지나자 아내 루다 누나가 도착했다. 오랜만에 만난 한국인이라 반가웠는지 이번 일요일 저녁 식

사에 나를 초대했다.

　일요일 저녁, 알려준 주소로 찾아갔다. 저녁을 먹으며 나의 여행과 그들의 아일랜드 생활 이야기를 주고받았다. 코닐이 오픈 마이크 이야기를 꺼냈다. 오픈 마이크란 누구나 무대에서 연주와 노래를 할 수 있는 시간을 말한다. 어떻게 보면 공개적인 노래방에서 노래를 부르는 셈인데, 아일랜드뿐 아니라 유럽의 여러 나라에서 볼 수 있는 시스템이다. 우리나라처럼 노래방 기계가 아닌 라이브 연주라 더욱 관심이 갔다. 참여해보고 싶은 마음이 들었다. 마침 코닐이 아는 펍이 있다며 한번 해보는 건 어떠냐고 권유했다.

　식사를 마치고 다 함께 펍으로 갔다. 생각보다 규모가 작았다. 사람들은 모여서 맥주를 마시고 노래를 듣고, 친구들과 이야기를 나누기도 하면서 자유로운 분위기를 즐기고 있었다. 앞에서 음악을 한다고 다들 집중하는 분위기가 아니었다. 코닐의 도움으로 세 곡 정도 할 수 있는 기회를 얻었다. 앞선 연주자의 음악이 끝난 후 쉬는 시간 동안 세팅을 하며 마음을 가다듬었다.

　작년 10월, 남아프리카공화국 케이프타운에서 기타를 들고 펍과 카페, 레스토랑을 전전했다. 치안이 불안한 곳이라 도저히 길거리에서 연주할 수 없었기 때문에 안전한 장소를 찾아다닌 것이다. 오디션을 보기로 한 라이브 펍에 들어갔다. 신나는 음악들로 분위기는 한껏 고조되어 있었다. 나는 기타를 멘 채 그들의 휴식 시간을 기다리고 있었다. 그 휴식 시간에 오디션 겸 연주를 하기로 했기 때문이다. 시간이 지나도 밴드는 쉴 기미가 보이지 않았다. 그런데 갑자기 밴드의 보컬이 나를 지목하더니 알아듣지 못할 영어로 무언가 이야기를 했고 일순 공연장에 모인 사람들이 나를 보며 웃었다. 홍당무가 된 나는 얼른 일어나 자리를 피했다. 사람들이 나를 볼 수 없는 곳에 앉아 빨개진 얼굴을 식히며 씩씩거렸다. 자존심이 상했다. 주눅 들어버린 내 자신을 발견했다. 저렇게 신나고 분위기 좋은 시간에 내가 연주하면 찬물을 끼얹는 게 아닐까. 한참을 망설였다. 결국 춤추며 뛰노는 관객들 사이를 비집고 뛰쳐나와 숙소를 향해 달렸다.

아일랜드의 펍에서 그 밤이 기억났다. 모든 것이 달라졌지만 그때와 같은 걱정이 다시 나를 억눌렀다. 세팅을 마치고 연주를 시작했다. 아무도 듣지 않는 것 같았다. 연주를 끝내자 앞자리에 앉아 있던 다른 연주자가 박수를 유도했다. 그제야 영혼 없는 박수들이 쏟아졌다. 두 곡을 마치고 나니 갑자기 오기가 생겼다. 마이크를 가까이 당겨 내 소개를 했다.

"안녕하세요. 한국에서 온 조시입니다. 분위기를 가라앉혀 죄송합니다. 이것이 제 음악입니다. 부족하지만 제 음악을 즐겨주셨으면 좋겠습니다. 이번엔 노래 한 곡 부르겠습니다."

반주와 함께 노래를 시작했다. 평소에 좋아하던 이문세의 「깊은 밤을 날아서」를 신나게 연주했다. 사람들이 나를 쳐다보기 시작했다. 억눌렀던 감정을 폭발시키듯 기타를 치며 노래를 불렀다. 마치 부글부글 끓던 냄비의 뚜껑이 날아가는 듯했다. 형편없는 노래 실력에도 사람들은 환호해주었다. 진심을 알아준 걸까?

노래가 끝난 후 바텐더는 어디서 구했는지 소주를 잔에 담아주었다. 시원하게 들이켠 후 하늘을 향해 두 팔을 올렸다. '나'를 이긴 기념비적인 축배였다. 아픈 과거를 이겨냈다.

원 테이크 앨범 제작기

더블린에서의 한 달이 지났다. 그동안 한국 유학생들을 많이 알게 되었다. 스무 살 때 잠깐 다닌 대학 선배인 은옥 누나는 오랜만의 재회라며 머물러 있는 내내 나를 보살폈다. 어느 날은 소개해주고 싶은 사람이 있다며 근사한 카페로 나를 초대했다.

"인사해. 여긴 진선이, 내 대학 동기야."

진선 형은 한국에 있을 때 녹음 스튜디오에서 오랫동안 일했다고 한다. 은옥 누나가 우리 둘을 연결해준 이유는 나의 앨범 때문이었다. "앨범을 만들어서 거리에서 판매하면 지금보다 수입이 낫지 않을까?" 누나의 제안에 가슴이 다 뭉클했다. 진선 형도 흔쾌히 허락해주었고, 녹음 날짜를 잡았다.

구름 한 점 없는 여름, 오후 1시. 버스비를 아끼기 위해 기타를 메고 50분가량 떨어진 진선 형의 집으로 향했다. 생각해놓은 트랙은 총 열한 곡. 이걸 하루 만에 다 녹음할 수 있을지 모르겠다. 형도 일을 하고 있는 처지라 오랜 시간을 할애할 수 없는 상황이었다. 잡동사니들이 널브러져 있는 방은 왠지 모르게 익숙했다. 밖에서는 새가 지저귀고, 창을 통해 햇살이 스며들고 있었다.

전문적인 녹음실에서 작업해본 적은 없지만 자연스러운 가정집 분위기가 오히려 마음을 편안하게 만들어주었다. 의자에 앉아 숨을 고르고 찬물을 한 잔 마신 뒤 녹음 준비를 했다. 방의 온도와 습도, 모든 것이 최적이었다. 귀에는 헤드폰 대신 버스킹을 할 때마다 쓰는 귀마개를 꼈다. 나에게 가장 자연스러운 모습. 녹음한다는 마음보다 버스킹하는 마음으로 하기 위해서였다. 게다가 헤드폰을 착용하면 만일 있을지 모를 실수가 내게 너무 잘 들리기 때문에 평정심을 잃을 것만 같았다. 호주에서 한 번 레코딩을 하고 앨범을 발매한 경험이 있다. 그때의 아쉬움을 반복하지 않기 위해 노력했다.

첫 곡으로 비지스Bee Gees의 「How deep is your love」를 녹음했다. 녹음을 마치자 손목에 약간의 고통이 느껴졌다. 나도 모르게 힘을 주었던 모양이다. 흥분과 긴장감, 설렘…. 온갖 감정이 나를 휘감았지만 실수 없이 한 번에 녹음을 끝내기 위해 감정을 최대한 절제했다. 호주에서는 한 곡을 세 번 연속으로 연주한 후, 각 파일을 조금씩 잘라내고 이어 붙여 마스터 트랙을 만들었다. 하지만 이번에는 한 곡을 끝까지 녹음하고, 틀린 부분이 있는 노래는 처음부터 다시 연주하는 방식이었다. 그래서 약간의 실수가 있더라도 총 열한 곡의 노래를 처음부터 끝까지 연주해야 했다.

눈을 감고 길거리를 떠올렸다. 지금까지 연주했던 모든 거리를 세심하게 기억해내려고 애썼다. 그때의 풍경과 분위기, 향기, 모든 것들을 말이다. 시간이 흐르고 녹음이 길어지면서 손목의 통증은 심해졌고, 마음속에 떠오른 풍경들이 점점 희미해지는 것만 같았다. 진

아일랜드

선 형은 그런 내 마음을 눈치 챘는지 한 트랙을 마칠 때마다 내게 여행에 대해 물으면서 긴장감을 풀어주었다. 마침내 열한 곡의 녹음을 모두 마쳤다. 전곡을 원 테이크one take로 녹음한 것이다. 약간의 미스터치가 있었지만 다시 녹음하지 않았다. 시간이 충분하지 않았을 뿐더러 다시 녹음을 한다 해도 더 나은 연주를 할 수 있다는 보장도 없었다. 무엇보다 진선 형에게 피해를 주고 싶지 않았다.

녹음할 시디와 케이스를 구입하고, 앨범 표지를 만들었다. 자, 이제 모든 것이 준비되었다. 진정한 홈메이드 앨범이 탄생한 것이다.

가슴 깊은 곳에서 꺼낸 동전

"기잉- 기잉- 기잉."

독일에서 온 청년이 이상한 악기를 연주하고 있다. 그의 옷차림과 헤어 스타일, 의자까지 박물관에서 막 튀어나온 듯하다. 태엽을 감듯 손잡이를 돌리니 악기에서 묘한 소리가 난다. 그 소리에 맞춰 노래를 부르기도 하고, 가만히 있기도 한다. 순식간에 사람들이 그 작은 악기 주변으로 모이더니 신기한 듯 쳐다보며 하나둘 동전을 던진다. 이내 많은 돈이 모였다.

"짝짝짝, 짝짝짝."

연세가 매우 많아 보이는 루마니아 할아버지는 거의 매일 그 라프턴 거리에서 버스킹을 한다. 손과 발에는 캐스터네츠와 탬버린을 달아놓고 광대 복장으로 전통음악 같은 연주에 맞춰 춤을 춘다. 별로 대단해 보이지 않는 춤인데도 사람들은 주변으로 모인다. 그렇게 십여 분간 춤을 춘 할아버지의 바구니에는 수많은 동전들이 들어 있었다.

거리에서는 음악 외에도 다양한 퍼포먼스를 볼 수 있다. 바닥에 앉아 크레용으로 시 쓰기, 모래아트, 비눗방울 묘기, 풍선아트 등

그 종류가 매우 폭넓다. 번뜩이는 아이디어로 돈을 많이 버는 사람들도 있지만, 정말 좋은 음악임에도 불구하고 그다지 수입이 좋지 않은 사람들도 있다. 또 아주 최소한의 노동으로 많은 돈을 버는 사람들도 있지만, 몇 시간을 해도 얼마 벌지 못하는 사람들도 있다. TV 프로그램을 보면 출연자마다 콘셉트를 가지고 있듯 버스킹에도 콘셉트가 필요하다. 노래가 정말 훌륭하거나 연주가 뛰어나거나, 신기하거나 웃기거나. 아니면 엄청난 노력이 보이거나. 보통은 이 다섯 가지 범주 안에 속하는 것 같다. 나는 연주에 콘셉트를 맞추었고, 최선을 다했다. 하지만 이 거리에서는 내 음악이 생각보다 관심을 끌지 못했다. 선택의 기로에 섰다. 지금 이 모습 그대로 밀어붙일지, 아니면 변화시킬지. 변화라는 것은 그 과정이 정말 힘들다. 내 안의 나와 스스로 부딪히는 상황이 많이 일어난다. 게다가 시간이 필요하다. 내 음악은 서정적이고 소프트하다. 한 번에 이목을 끌 수 있는 타입이 아니다.

며칠 동안 이런 고민으로 집중하지 못할 때였다. 루마니아 할아버지 뒤에서 차례를 기다린 후 연주를 했다. 30분 정도 연주했는데 겨우 1유로밖에 벌지 못했다. 세팅을 접고 옮기려는 순간 백화점에서 근무하는 도어맨이 근사하게 차려입은 모습으로 내게 오더니, "방금 연주한 「Vincent」 너무 좋았어요"라고 말했다. 뒤에서 다 듣고 있던 것이다. 이 날과 마찬가지로 얼마 벌지 못하고 있던 어느 날, 갑자기 뒤에서 어떤 아주머니가 2유로짜리 동전 두 개를 던져주면서 내 눈을 지그시 바라보며 말했다.

"뒤에서 다 듣고 있었어요. 당신 음악, 정말 감동적이에요."

다른 날, 어떤 할머니는 백화점을 나오면서 내 쪽으로 천천히 걸어왔다. 그리고는 앨범을 집어 들고 물었다.

"앨범 얼마예요? 당신 음악이 내 마음을 감동시켰어요."

어떤 꼬마는 갑자기 멀리서부터 달려오더니 동전을 넣고 사라졌다. 그 아이가 어디에서 왔는지 눈으로 추적해보았다. 저 멀리서 꼬마의 부모님이 나를 향해 하늘 높이 엄지손가락을 치켜세웠다.

이렇게 몇몇 사람들은 가슴 깊이 들어 있던 그들의 동전을 꺼내주었다. 그들의 한마디는 깊은 위로가 되어 나를 다시 거리에 서게 한다. 눈물이 맺힌다.

캐나다행 티켓 속에 들어 있는 몇 가지

비가 내리자 다른 버스커들은 모두 집으로 돌아갔다. 나는 판초 우의를 입고 내리는 비를 피해가며 비와 어울리는 노래를 연주했다. 하루에 최소 30유로를 목표로 정하고, 그 돈을 벌지 못하면 숙소로 돌아가지 않았다. 추위 속에서 연주하는 내 자신이 처량하게 느껴졌다. 저녁이 되어 어두워지자 한 시간을 걸어갈 생각에 걱정이 되었지만, 그냥 걸었다. 추위가 원망스러웠다.

'음악팔이 소년'은 연주가 끝난 후 사람들 시선 속에서 동전을 하나하나 주워 담는 것이 너무 부끄러웠다. 하지만 한편으론 반짝이는 동전들이 차곡차곡 쌓여가는 모습에 스스로가 대견했다. 잠시나마 기분 좋게 해주는 초콜릿으로 상을 대신해본다.

시간이 흘러 돈은 모였고, 드디어 캐나다행 티켓을 구입했다.

대부분의 사람들은 내게 묻는다.
"하루에 얼마나 벌어요?"
"그걸로 수입이 돼요?"
"여행 경비를 다 충당할 수 있나요?"

그럼 나는 대답한다.

"될 때도 있고, 안 될 때도 있어요. 남들처럼 여행하면 이렇게 못 다녀요. 남들이 하는 것을 포기해야 이렇게 다닐 수 있어요."

여행은 목표가 아니라 과정이다. 티켓이라는 '값어치price'보다 티켓 속에 숨어 있는 '가치value'가 더욱 중요하지 않을까?

FINGAL
COUNTY COUNCIL
WARNING
DANGEROUS
CLIFFS

캐나다

Canada

까다로운 토론토의 버스킹

시청 사이트 정보에 의하면 토론토Toronto에서의 버스킹은 크게 세 가지 형태로 나뉜다고 한다. 첫 번째 거리, 두 번째 지하철, 세 번째 레스토랑. 모두 허가증 없이 연주하는 것은 불법이다. 온라인으로도 신청이 가능하여, 어떤 조건이 있는지 보기 위해 자세히 살펴보았다. 생각보다 까다롭고 복잡하다. 거리에서 할 경우 연주할 장소의 주소를 적어야 하며, 지하철은 오디션을 봐야 한다. 이미 오디션 기회는 지나갔다. 레스토랑의 경우도 복잡하다. 레스토랑의 주소와 전화번호를 적고 매니저의 사인도 받아야 한다. 결정적으로 여행비자인 나는 이곳에서 합법적인 연주가 불가능했다. 모든 허가증은 시민권자이거나 일할 수 있는 비자가 있는 사람에 한해서 발급된다. 게다가 이곳은 경찰의 공권력이 강해서 불법을 저지르면 심한 경우 추방당할 수도 있다고 한다. 나는 다시 갈림길에 섰다. 이곳에 머물 것인지, 혹은 다른 주(캐나다, 미국, 호주 같은 이민국가의 경우 주마다 법이 다르다)로 떠날 것인지. 머물고 싶다면 이곳에서 살아갈 방법을 찾아야만 했다. 레슨을 한다든지, 혹은 비자 없이 일할 수 있는 다른 것을 알아보든지 말이다. 결국 추방당할 것을 각오해서라도 버스킹에 도전하기로 결정했다. 사실 유럽에서도 계속 허가증 없이 했는데, 이곳이라고 해서 내가 겁먹을 필요가 있을까? 일단 시도해보고, 그래도 안 된다면 떠날 수밖에 없다.

일단 거리의 버스커들과 이야기를 해보기로 했다. 시청 홈페이지에 명시된 것처럼 법을 따르고 있는지 알아보기 위해서였다. 지하철역으로 들어가니 버스킹하는 사람이 있었다. 버스커 주변으로는 노란색으로 구역이 표시되어 있었다. 그리고 그 앞에 시에서 발급받은 사진이 첨부된 작은 무언가가 부착되어 있는 것을 확인했다. 지하철역에서 나와 이번엔 다른 버스커에게 물어보았다.

"안녕하세요. 저도 같은 버스커인데 몇 가지 물어볼 것이 있어서요."

"네, 어떤 게 궁금하세요?"

"여기에서 연주하려면 반드시 허가증이 필요한가요?"

"아니요, 꼭 그렇진 않아요. 허가증 없이도 연주할 수 있는 곳이 몇 군데 있어요. 제가 있는 곳이 그렇고요."

"그럼 몇 군데 좀 소개해줄 수 있나요?"

가르쳐준 장소를 받아 적었다. 그리고 다음 버스커에게 가서 같은 질문을 했다.

"이곳에서는 반드시 허가증이 필요합니다. 시청에 가면 바로 발급돼요."

이 버스커는 또 다른 말을 해주었다. 몇 명의 버스커들을 더 만났다. 허가증이 있는 사람도 있었고, 없는 사람도 있었다. 이것은 내게 어느 정도 승산이 있다는 의미 아닐까? 처음 생각했던 것보다는 그렇게 예민하지 않은 것 같다. 약간의 용기를 얻고, 내일 장비를 들고 나와보기로 했다.

다음 날, 어제 길 위에서 만난 버스커가 있던 곳으로 먼저 가 보았다. 아쉽게도 다른 버스커가 먼저 연주하고 있어 나는 조금 떨어진 곳에서 세팅하기 시작했다. 아일랜드와 분위기가 사뭇 다르다. 빼곡히 들어선 높은 빌딩들이 나를 내려다보는 것만 같다. 뒤로는 큰 빌딩이 공사 중이었고, 앞으로는 작은 계단이 보인다. 몇몇 사람들은 이 계단에 앉아 신문을 보거나 간단히 점심을 먹고 있었다. 유동인구가 매우 많았고 사람들은 여느 도시 사람들처럼 바삐 움직였다. 주변을 살폈다. 경찰이 있는지 없는지, 내 눈은 빠르게 동서남북을 감시했다.

다행히도 주변에는 경찰이 보이지 않았다. 연주를 위한 모든 준비를 마쳤다. 도로를 등지고 계단을 바라보면서 연주를 시작했다. 연주를 하면서도 계속 주위를 신경 쓰며 긴장을 늦추지 않았다. 오랜만에 가슴이 벌렁벌렁했다. 30분가량이 지나고 아무 일도 일어나지 않자 가슴이 조금씩 누그러졌다. 한 사람이 계단에 앉았다. 그는 나를 보고 있음이 틀림없었다. 물론 경찰은 아니었다. 시간이 지나고, 몇 곡이 끝났는데도 그는 자리를 움직이지 않았다. 그러다 성큼성큼 내게로 오더니 5달러짜리 지폐를 넣어주며 고맙다고 하곤 다시 조용히 계단으로 돌아갔다. 그제야 긴장했던 몸과 마음이 누그러지며 안심되었다. 하늘을 바라보고 크게 숨을 쉬었다. 누군가 내 음악을 정성껏 들어줌으로써 내가 이 도시에서 연주하는 것에 대해 허락이라도 받은 것 같았다.

다음으로 토론토의 타임스퀘어Time Square라 불리는 던다스Dundas 역으로 갔다. 관광지로서 그다지 유명하지 않은 토론토이지만 이곳은 그나마 관광객들이 많이 찾는 곳이라고 알려져 있다. 이곳에는 오래돼 보이는 버스커들이 몇 팀 있었는데, 그들은 허가증 없이 연주하고 있었다. 다행히 내가 연주할 만한 공간도 있었다. 하지만 이곳은 소음이 무척 심했다. 내 옆으로는 다른 버스커들의 음악이 흘렀고, 뒤로는 지하철 환풍구가 있어서 지하철이 지나갈 때마다 굉장한 소음이 났다. 게다가 어찌나 큰 트럭들과 트레일러들이 지나다니는지, 이맛살이 연신 찌푸려졌다. 소음 속에서 한 시간 정도 연주했지만 다행히 아무런 제재도 받지 않고 무사히 연주를 마칠 수 있었다.

다음 날도 연주를 하러 다시 시내로 나섰다. 어제와 마찬가지로 수입보다는 다양한 장소의 연주 가능성과 분위기를 파악하기 위해 이곳저곳에서 버스킹을 시도했다. 이번에도 특별한 문제없이 마칠 수 있었다. 토론토가 여름은 짧고 겨울이 길어서인지, 겨울에 하지 못하는 축제들을 여름에 몰아서 한다. 그래서 매주 광장에서 페스티벌이 열렸다. 여름이 되면 페스티벌과 함께 거리의 활성화를 위해 토론토 시에서 버스킹 법을 완화하는 것은 아닐까? 토론토는 공권력이 세다고 익히 들었는데, 아무런 제재 없이 연주할 수 있었으니 말이다.

베풀 수 있는 기회

보슬보슬 비가 내린다. 던다스 역과 연결되어 있는 이튼 센터Eaton Center 쇼핑몰의 후문에서 영화 〈내일을 향해 쏴라〉의 OST인 「Rain drops keep fallin' on my head」를 연주하고 있었다. 머리 위에는 다리가 놓여 있어 비에 젖지 않았다. 사람들은 나의 연주를 들으면서 담배를 피며 비가 그치기를 기다렸고, 간혹 고맙다는 말과 함께 동전을 넣어주었다. 촉촉한 비와 음악, 적당한 수입에 기분이 좋아졌다.

그때였다. 한 부랑자가 비를 맞으면서 컵을 들고 돌아다니며 구걸을 했다. 비가 오느라 급하게 지나가는 사람들은 그에게 돈을 줄 시간과 여유가 없어 보였다. 그럼에도 불구하고 계속 사람들 사이를 겁에 질린 듯한 얼굴로 방황하고 있었다. 내가 그곳에 있어서였는지, 그는 내가 앉아 있는 다리 밑으로는 오지 않고 비가 내리는 밖으로만 돌아다녔다. 나의 기타 가방에 사람들은 동전을 넣어주었고, 그는 빈 종이컵을 사람들에게 들이대고 있었다. 연주를 하는 내내 그를 주시했다. 그에게서 시선을 뗄 수 없었다. 어떤 마음으로 그를 자꾸 본 것일까? 혼란스러웠다. 그렇게 한 시간 정도 흘렀다. 기타 가방에 가득 찬 동전을 보며 나는 공정하게 노동의 대가를 받는 것뿐이라고 생각했다. 하지만 양심의 가책 같은 느낌은 사라지지 않았다. 빗속에서 두려움 가득한 얼굴로 사람들에게 빈 종이컵을 들이미는 그의 표정이 잊히질 않는다. 내가 그의 밥그릇을 뺏고 있다는 느낌을 지울 수 없었다. 한 곡만 더하고, 한 곡만 더하고 돈을 줘야지 하는 사이 그는 어디론가 사라졌다. 나는 왜 이렇게밖에 행동할 수 없었을까. 어떻게 행동해야 했을까.

날이 활짝 갠 다음 날, 어제의 그곳을 다시 찾았다. 이번에는 젊은 남성이 박스에 글씨를 써놓고 웃는 얼굴로 구걸을 하고 있었다. 나는 그와 조금 떨어진 곳에서 연주하기로 했다. 20분 정도가 흘렀을 때 그는 자리를 떠났다. 나는 자리를 옮겨 그가 구걸하던 장소에 세팅을 다시 하고 연주를 시작했다. 내가 또 누군가의 것을 뺏은 걸까?

그 다음 날도 이튼 센터에 갔다. 그곳에서 글씨가 적힌 박스를 들고 있는 또 다른 부랑자를 보았다. 그녀는 나를 쳐다보고 있었다. 세팅하는 내내 또다시 마음이 불편해졌다. 연주를 시작했다. 연주 중간중간 그녀와 눈이 마주쳤고, 그때마다 그녀는 내게 가볍게 인사를 건넸다. 오늘따라 사람들이 돈을 많이 넣어주었다. 앨범도 많이 팔았다. 그와 동시에 나는 갈등하기 시작했다. 마음은 '그들'에게 주고 싶은데 왜 내 발은 그곳까지 가지 못하는지 괴로웠다. 그때 한 할머니가 내게 다가왔다.

"혹시 「Amaging grace」를 연주해줄 수 있나요?"

1절을 연주하자 할머니는 한 번 더 연주를 부탁했다. 할머니의 촉촉한 눈빛은 괴로운 나의 마음을 녹여주는 것만 같았다. 할머니는 내게 20달러짜리 지폐를 주었다.

"제게 과분합니다. 너무 많아요. 조금만 주셔도 돼요."

"당신을 저번에도 봤어요. 그때는 돈이 없어서 그냥 갔는데, 오늘은 꼭 주고 싶었어요. 받아도 돼요."

"그래도 너무 많습니다."

그렇게 '받아라, 괜찮다'를 반복하다가 결국 내가 졌다.

"정 그러시다면 제 앨범을 선물로 드릴게요. 받아주세요!"

"앨범은 한 장에 얼만가요?"

"10달러예요."

"그것도 제가 지불할게요. 한 장 주세요."

그렇게 할머니는 총 30달러나 되는 거금을 내 손에 꼭 쥐어주었다. 내가 안 받으려 하자 급히 인사를 하고 자리를 떠났다. 나는 옆에서 구걸하고 있는 그녀를 보았다. 그녀는 여전히 사람들과 눈을 마주치려 애쓰고 있었다. 나는 고개를 숙이고 눈을 질끈 감았다.

나는 어제도, 오늘도 이렇게 많은 사랑을 받았는데, 왜 그 사랑을 조금도 나누어주지 못하는 걸까.

길 위에 오래 있다 보면 많은 것들을 보게 된다. 아름다운 것도, 때론 아름답지 않은 것도. 지나가는 길 위에서 '그들'을 많이 마주쳤다. 그리고 아무렇지 않은 듯 그냥 스쳐 지나갔다. 이렇게 몇 분, 혹은 몇 시간 동안 그들과 길 위에 함께 있는 일은 겪은 적이 없었다. 여전히 모르겠다. 내게 피어나는 이 감정이 무엇인지.

'베풀 수 있는 기회'는 언제나 있었다. 그녀에게 다가가 앨범

값으로 받은 10달러를 주었다. 괴로움을 덜어낼 심정으로. 하지만 겨우 10달러를 주었다고 내 마음이 편해지지는 않았다. 나의 왠지 모를 죄책감을 씻어내기엔 부족했다.

추억이 되는 기억들

부모는 자녀에게 이것저것 다양한 경험을 할 수 있도록 많은 기회를 준다. 나 또한 피아노와 태권도, 미술, 바둑, 수학, 영어, 한문 등 여러 가지를 배웠다. 그중 한 가지, 다른 것보다 조금 더 잘한 게 바로 '음악'이었다.

초등학교 1학년부터 고등학교 1학년까지 클래식 피아노를 배웠다. 어렸을 때는 잘한다는 칭찬을 들으며 나름 재밌게 연주를 했다. 하지만 중학교 시절, 속셈학원에서 공부하다가 "저 피아노 레슨 받으러 가야 해요"라고 말하는 게 얼마나 부끄러웠는지 모른다. 진로에 대해 한창 고민할 시기인 고등학생 때는 과연 내가 피아니스트가 될 수 있을지, 그 꿈이 너무나도 막연했다. 좁은 방에서 혼자 연습을 할 때면 내 마음도 그 방 크기만큼 작아지는 것 같았다.

그러다 교회에서 처음 통기타를 배우게 되었고, 처음으로 합주라는 것을 해보았다. 독주가 위주인 클래식 피아노는 오로지 콩쿠르만이 누군가에게 음악을 들려줄 수 있는 기회였다. 하지만 교회에서는 매주 연습을 하고, 주일에 예배를 통해 그 결과를 들려줄 수 있었다. 그것은 큰 기회였다. 물도 흘러가야 썩지 않는 것처럼 음악도 마찬가지. 음악과 감정이 고여 썩어가던 무렵 처음으로 음악을 누군가와 '함께' 했고, 흘려보냈다. 행복했다. 그때부터 기타라는 악기가 가진 매력에 빠져버렸다. 시공간적인 제한이 피아노보다 훨씬 적은 기타야말로 언제든지 사랑하는 사람들에게 내가 가진 음악을 선물할 수 있는 가장 훌륭한 악기임을 알았다.

이제 나는 그 작은 방을 탈출하여 기타를 들고 세계의 거리 위를 걷고 있다. 거리 위에서 예술을 하고 여행을 하다 보면 힘든 순간이 찾아올 때가 있다. 함께 연주를 하며 희열을 즐기고 있는 버스킹 팀을 목격할 때이다. '언젠가 나도 저들처럼 누군가와 함께 하리라' 다짐했다. 혼자 하는 음악이 아니라, 함께 연주하고 기쁨을 누군가와 공유하고 싶었다. 용기를 내어 토론토 유학생 카페 사이트에 글을 올렸다.

"거리 위의 예술가들을 보고 가슴이 뛴 적 없나요? 그런 분들을 찾습니다."

며칠 후 한 남자에게 연락이 왔다. 그리고 그와 약속한 날짜가 다가왔다. 오후 4시 30분, 이튼 센터 앞에 찾아온 그는 지운이라는 이름의, 나이는 나보다 한참 어리지만 비트박스 전문가들 속에서 꾸준히 입지를 다져가는 중인 5개월차 워홀러였다. 잠시 테스트를 하는 동안 나는 놀라지 않을 수 없었다. 조금 한다는 사람들도 대개는 기본 비트만 하는 정도인데, 지운이의 비트박스는 차원이 달랐다. 현란한 리듬과 더불어 멜로디와 특수 효과까지 합친 소리를 내고 있었다. 한 사람의 입에서 다양한 소리가 나는 게 그저 신기할 따름이었다.

세팅을 마치고 시작하기 전 지운이에게 독무대를 권유했다. 지운이는 기본 비트로 무대를 시작했다. 사람들은 희한한 소리에 가던 길을 멈추고 점점 모여들었다. 점점 빨라지는 비트 속에 다양한 기술들이 펼쳐졌다. 신디사이저 소리, 턴테이블의 LP가 돌아가는 소리, 묵직한 베이스 소리, 호주의 전통악기 디주리두 소리까지. 듣고 있는 사람들의 혼을 쏙 빼놓는 화려한 무대였다. 지운이의 심플한 멘트로 5분의 비트박스 공연을 마치고 협연을 준비했다. 처음 맞추는 것이지만 전혀 걱정되지 않았다. 포인트를 주는 부분과 끝나는 부분만 설명해주면 금세 듣기 좋게 만들어줄 것 같았다.

첫 곡으로 무난하게 비지스Bee gees의 「How deep is your love」를 연주했다. 후렴을 지나면서 비트박스는 더욱 화려해지고, 기승전결이 확실히 표현되었다. 생각했던 대로 통기타와 비트박스는 정말 잘 어울렸다.

다음 곡으로는 모튼 하켓Morten Harket의 「Can't take my eyes off you」를 연주했다. 이 노래의 절정인 간주 부분에서 리듬을 쪼개고 쪼개 더욱 흥겹게 만들었다. 2절이 끝나면 나오는 기타 솔로 부분을 지운이의 솔로로 채워보았다. 역시나 처음 맞춰보는 곡인데도 잘 따라와 주었다. 곡이 끝나자 사람들은 환호를 지르며 박수를 보냈다. 혼자 연주할 때는 이렇게 집중과 관심을 받는 일이 드문데, 역시 길거리에서는 신기하고 봐야 하는 건가?

"안녕하세요, 지현이라고 해요. 지운이에게 거리에서 연주하신다는 이야기 듣고 같이 해보고 싶어서 연락드려요."

지운이를 통해 다른 친구에게도 연락이 왔다. 토론토에 머물 시간이 얼마 남지 않았기에 조금 서둘러 약속을 잡았다. 함께 연주할 곡을 몇 곡 정도 정한 후 거리에서 만났다. 거리 음악을 한다는 소식을 듣고 그들의 친구들이 모여 어느새 주변에는 열 명 가까이의 한국인들이 우리의 공연을 기다리고 있었다. 괜히 긴장된다. 외국인만 있는 거리에서는 하나도 떨리지 않는데, 한국 사람들의 예술에 대한 냉소적인 태도 때문인지 몰라도 한국인들이 앞에 있으면 너무나 떨린다.

「Fly me to the moon」, 「Moon river」 등 전 세계적으로 유명한 곡들을 지현이의 노래와 함께 시작했다. 아시아 여자가 거리에서 노래 부르는 것이 신기했는지 사람들이 조금씩 몰려들었다. 지운이가 리듬을 더해 흥을 돋우었다. 클래식의 「마법의 성」, 조성모의 「깊은 밤을 날아서」, 박기영의 「시작」 등 조금 오래된 한국 노래도 불렀다. 관객들은 돈을 건네며 환한 미소로 감사의 말을 전했다.

연주가 끝난 뒤 모은 돈을 세어보니 50달러 가까이 되었다. 이 돈으로 함께 저녁을 먹고, 경치 좋은 카페에서 다시 기타를 꺼내들었다. 아름다운 토론토의 밤과 그 위에 흐르는 음악, 좋은 사람들, 따뜻한 이야기들. 이보다 행복할 수 있을까?

언제나 느끼는 것이지만 여행에 있어서 사람보다 귀한 것은 없다. 시간이 지나면 웅장했던 건물도, 거리도, 눈에 잡힐 것만 같은 아름다운 풍경들도 모두 흐릿해진다. 길 위에서 만난 많은 것들은 '기억'으로 남지만 살아 있는 아름다운 사람들은 '추억'이 된다.

캐나다

MICHAEL KORS
MICHAEL KORS
BURBE

미국, 뉴욕

New York, US

위험한 하루

초등학생 시절, 방학이 끝나면 선생님은 한 사람씩 방학 때의 재미있었던 일들을 발표시키곤 했다. 정확히는 기억나지 않지만 우리 반의 어떤 녀석이 미국을 다녀온 이야기를 들려주었고, 그곳에서 찍은 사진들을 서로 돌려가며 본 적이 있다. 그때 내 기억에 남은 것은 엠파이어 스테이트 빌딩Empire State Building과 커다란 자유의 여신상이다. 나에게 외국이란 '미국'이었다.

토론토에서 출발한 버스는 아침 8시, 맨해튼 42번가 앞에서 멈추었다. 뉴욕에 있는 동안 하츠데일Hartsdale의 어머니 친구분 댁에 잠시 머물며 신세를 질 생각이었다. 하츠데일은 뉴욕과는 조금 떨어져 있다. 울창한 나무들 사이로 비치는 따사로운 햇빛, 새와 벌레들의 합창 소리. 복잡했던 도시를 벗어나 자연이 가득한 이곳에 오니 마치 산장으로 캠핑 온 것만 같다.

며칠간은 휴식을 취하며 버스킹을 하기 위한 정보를 조사했다. 이곳에서 뉴욕의 중심지인 맨해튼까지는 왕복 교통비가 무려 25달러, 편도 시간만 해도 두 시간이 넘는다. 그런데 비수기 시즌 맨해튼의 한인민박 가격 또한 하루에 25달러다. 그렇다면 하츠데일에서

왕복하는 것보다 맨해튼의 한인민박에 머무는 것이 시간을 아낄 수
있다. 한인민박을 예약하고 맨해튼으로 떠났다. 세계 일주를 하며 가
장 기대했던 뉴욕으로 드디어 한 발 내디뎠다.

　　민박집에 도착해 짐 정리를 마친 후, 가장 먼저 첼시 마켓
Chelsea Market으로 갔다. 뉴욕은 워낙 크기 때문에 시간을 단축하려면
연주할 곳을 미리 정하고 움직여야 한다. 마켓은 처음 생각했던 것과
많이 달랐다. 야외에서 열리는 벼룩시장 같은 곳인 줄 알았는데 실내
의, 조금은 세련된 분위기의 마켓이었다. 건물 입구에 자리를 잡고 연
주를 시작했다. 40분 정도 연주했지만 생각보다 수입은 좋지 않았다.
　　다음으로 유니언 스퀘어Union Square로 향했다. 크지 않은 광장
에 사람들이 가득했다. 가장 먼저 눈에 띈 것은 왠지 익숙한 모습의
사람들이었다. 네다섯 명씩 그룹을 지어 다니는 그들은 확성기를 들
고 타악기를 연주하면서 거리를 행진했는데, 마치 우리나라의 사물
놀이패 같다. 나는 연주를 하다가도 저 멀리서부터 그들이 오는 소리
가 들리면 잠시 멈추었다가 그들이 사라지고 나서야 다시 연주를 시
작하곤 했다. 그들이 있는 한 이곳에서의 연주는 불가능해 보인다.
그들을 뒤로한 채 잠시 재미난 버스커들을 구경해보기로 했다.
　　아프리카계의 아메리칸들이 한데 모여 체스판을 두고 손님을
기다린다. 내기 게임을 하는 것 같다. 전문 시계까지 갖추었다. 곧 손
님이 오더니 진지하게 게임을 즐긴다. 저 멀리에서는 갑자기 싸움 소
리가 들린다. 가까이 가보니 젊은 남녀가 큰소리를 내며 서로 잡아먹
을 듯 고함을 치고 있다. 그런데 말리는 사람 하나 없이 모두 텔레비
전 프로그램을 보듯 조용히 감상하고 있다. 시간이 지나자 서로 웃으

며 악수를 하고 지켜보는 사람들에게 인사를 한다. 어떤 이는 영화에서나 볼 법한 구식 타자기로 사람들에게 시를 써주고 팁을 받는다.

유럽과는 또 다른 길거리 문화가 이곳 뉴욕에서 펼쳐지고 있었다. 나는 공연을 하는 사람들보다 감상하는 사람들의 표정과 몸짓에 더 집중했다. 사뭇 진지한 표정의 사람, 아름다운 웃음을 보이는 사람, 무관심한 듯 핸드폰만 만지작거리는 사람 등 사람들의 다양한 반응이 재미있다. 나의 음악을 듣는 사람들은 어떤 표정을 지었을까? 이렇게 거리 위에서 살아가는 사람들을 보니 나도 그들 중 하나라는 생각이 들었다. 결국 이곳에서는 버스킹 대신 휴식을 취하며 즐거운 눈요기를 했다.

음악영화 〈어거스트 러시〉의 촬영지로 유명한 워싱턴 파크 Washington Park를 찾아갔다. 유니언 스퀘어에서 10분 정도 걸어 내려오니 어렵지 않게 찾을 수 있었다. 오후 6시가 다 되어 공원 안으로 들어갔다. 해가 조금씩 저물어갈 준비를 하고 있었다. 영화 속에서 주인공이 멋있게 기타를 연주했던 곳이 저 멀리 보인다. 공원 안에는 버스킹하는 사람들 외에도 많은 사람들이 다양한 것들을 하고 있었다. 운동하는 사람들, 책을 읽는 사람들, 체조하는 사람들 등 조금 과격하게 말하자면 '개판'이다. 한쪽에선 조용한 노래를 하고 있는데 반대쪽에서는 젬베를 두들기고 있다. 또 다른 쪽에서는 이상한 노래를 틀어놓고 서커스를 하고 있다. 뉴욕은 모든 것에 관대한 것인지, 아니면 무관심한 것인지 모르겠다. 다른 관점으로 보면 마치 콜라주 같기도 하다. 전혀 관계없어 보이는 조각들을 찢고 붙여 하나의 그림을 만든 것이다.

　　버스킹을 할 만한 곳을 찾았지만 적당한 장소에선 이미 사람들이 연주하고 있었기 때문에 기다릴 수밖에 없었다. 시간이 지나자 어느 정도 주변 음악이 줄어들어 갔다. 눈치를 보며 중심지와 조금 떨어진 곳에서 연주를 시작했다. 주변에는 책을 읽거나 이야기를 나누는 사람들이 많았다. 그들에게 방해가 되지 않길 바라며 음악을 시작했다. 나도 하나의 조각으로서 그림 속으로 들어갔다. 예상한 대로 사람들은 그다지 관심을 보이지 않는다. 배경음악 정도로만 생각하는 걸까? 주변에 앉아 있는 사람들이 자리를 일어설 때 가끔 돈을 넣어주기만 할 뿐이다.

　　어둠이 깔린 공원은 처음 도착했을 때보다 훨씬 조용해졌다. 몇 팀의 버스커들이 공연을 끝낸 것 같다. 그때 어떤 흑인이 내 주위를 어슬렁거리기 시작했다. 내 기타 가방을 들고 도망가지 않을까 싶어, 유심히 그의 행동을 관찰했다. 그는 주머니에서 1달러를 빼서 내 앞으로 오더니 돈을 넣는다는 시늉을 한 뒤, 기타 가방에 돈을 넣었다. 자기는 위험한 사람이 아니니 안심하라는 눈치를 주는 것 같다. 오히려 그 모습에 더욱 신경이 곤두서고 긴장이 밀려왔다. 그런데 갑자기 그가 선글라스를 쓰더니 나중에는 모자까지 쓴다. 점점 내 추측이 맞아떨어지는 것 같다. 머릿속으로는 최악의 상황이 시뮬레이션되고 있다. 연주를 멈추자 그는 어디론가 사라졌다. 한숨이 나온다. 긴 하루였다. 어느덧 깜깜한 밤이 되었다.

미국, 뉴욕

POETRY

감정은 날씨 같은 것

뉴욕 버스킹 둘째 날. 뉴욕의 상징이라고도 할 수 있는 센트럴 파크Central Park로 향했다. 지도에서만 보아도 길쭉한 맨해튼 땅에 엄청난 규모의 초록 지대가 펼쳐져 있다. 과연 뉴욕의 허파라 불릴 만하다. 72번가 지하철역에서 내려 센트럴 파크 내에서 관광지로 유명한 곳인 스트로베리 필드Strawberry Field에 도착했다. 이곳은 비틀즈의 멤버 존 레논John Lennon이 산책을 하다가 열성팬이 쏜 권총에 맞고 죽은 장소이다. 장소 이름도 비틀즈의 곡명에서 따왔다고 한다. 그곳에서는 몇몇 버스커들이 연주 중이었다. 그들은 모두 비틀즈의 음악을 연주하고 있었다. 아주 낯익은 곡들이 흘러나온다. 준비 중인 한 버스커에게 말을 걸었다.

"안녕하세요, 처음 왔어요. 이곳에서 연주를 하고 싶은데 어떻게 하면 될까요?"

"오, 뉴욕에 온 걸 환영해요. 아쉽게도 지금 바로 연주할 수는 없어요. 우리는 이것이 직업인 사람들입니다. 다들 시간을 정해서 연주하고 있죠."

"그럼 얼마나 기다리면 될까요?"

"지금 하는 이 친구 다음에 제가 연주를 하고, 또 저기 뒤 나무에 기대고 있는 친구 보이죠? 그 친구가 그 다음 순서입니다."

도착한 시간은 11시. 아마 오후 3시 이후로 연주가 가능할 것이라고 했다. 게다가 계속 이곳에 있지 않으면 순서를 뺏길 수도 있으니 대기하고 있어야 한다는 설명까지 덧붙였다.

"저는 그때까지 기다릴 수 없을 것 같아요. 혹시 연주할 만한 다른 장소를 추천해줄 수 있나요?"

"여기에는 아주 많은 장소들이 있어요. 좀 더 걸어가다 보면 작은 분수대가 보일 거예요. 그곳에 한번 가보세요."

15분 후 도착한 그곳엔 이미 다른 버스커가 자리를 잡고 연주하고 있었다. 그에게 다가가 물어보니 40분 후면 끝난다며 그 뒤에 하라고 한다. 그늘진 장소를 찾아 그곳에서 기타 연습을 하며 시간을 보냈다. 어느덧 시간이 되었고 드디어 연주를 시작할 수 있었다. 이렇게 아름다운 공원에서는 처음 연주하는 것 같다. 사람들이 내 음악을 듣고 좋아하는 모습을 상상하니 마음이 들떠버렸다. 하지만 30분이 지나도 관심을 가져주는 이 하나 없다. 한 시간 가까이 연주했지만 받은 돈은 겨우 3달러. 점심 값도 벌지 못했다. 기대와 달리 몇 푼 벌지 못한 상황에 빈정이 상했다.

점심도 거른 채 다음 목적지인 맨해튼 내 작은 한인타운으로 향했다. 지나가는 한인들이 알아봐주지 않을까 하는 작은 기대감을 안고. 우리은행 빌딩 앞에 도착했다. 예전에 이곳을 지나가다 종교 활동을 하는 사람들을 봤기 때문에 버스킹하는 것도 문제없을 줄 알았다. 세팅을 하고 연주하는데 직원이 다가왔다.

“죄송하지만 여기에서 연주할 수 없습니다.”

“제가 전에 여기에서 어떤 분들이 연주하고 노래하는 것을 보았는데요?”

“그건 오후 5시 이후에 빌딩을 닫기 때문에 가능했던 겁니다. 저쪽에 보이는 공원으로 가면 연주할 수 있을 겁니다.”

지금 시간은 오후 3시 30분. 한 시간 반이나 이곳에서 기다릴 순 없었다. 공원으로 갔다. 신문을 읽고 차를 마시며 휴식을 취하는 사람들이 보였다. 하지만 너무 조용했고, 사람들은 그들만의 공간과 시간을 즐기고 있는 듯했다. 연주할 수 없었다. 공원을 나와 조금 더 걷다가 연주할 만한 공간을 발견했고, 연주를 시작했다. 20분 정도 지난 후 경찰이 다가왔다.

“이곳에서 연주할 수 없습니다. 이 공원에서 연주하려면 특별한 허가증이 필요합니다.”

휴. 오늘은 하루 종일 기다리고, 쫓겨 다니는구나. 그런데 친절한 경찰이 내게 허가증 없이 연주할 수 있는 곳을 추천해주었다. 겨우 10미터 떨어진 저 길 위에서는 연주할 수 있다고 한다. 옳거니! 드디어 안심하고 자리를 잡고 연주할 수 있겠구나.

그곳은 유동인구가 참 많았다. 앞으로는 좀 전에 쫓겨난 공원이 있고, 앞뒤로는 한인타운이라 그런지 한국인들이 많이 지나다닌다. 연주를 시작했다. 주변이 시끄러워서 탬버린을 사용하며 신나는 노래 위주로 연주했다. 하지만 어느 한국인 하나 내게 눈길조차 주지 않는다. “한국인 아냐?” 소곤대는 소리만 들릴 뿐 한껏 멋 부린 유학생들은 냉소적인 태도를 보이며 그냥 지나쳐버린다.

이곳에서도 한 시간 정도 연주했지만 겨우 5달러밖에 벌지 못

했다. 샌프란시스코행 비행기 티켓을 사야 하는데, 통장과 주머니에
는 남은 돈이 얼마 없다. 한국은 지금 추석이다. 유학원에서 공짜로
송편을 준다는 귀한 소식을 우연히 접하고 늦은 점심을 해결할 수 있
었다.

오늘의 마지막 목적지인 소호로 출발했다. 소호는 뉴욕에서
도 쇼핑거리로 유명한 곳이다. 지하철을 타기 위해 지하로 내려갔다.
그곳에서 연주하고 있는 밴드를 보았다. 부러웠다. 어느 것에도 신경
쓰지 않고 자유롭게 연주하며 사람들과 소통하고 싶다. 지금은 모든
선택의 책임을 스스로 안고 가는 이 길이 무겁게만 느껴진다. 가는
날이 장날이라더니. 소호에 도착하자 이탈리아 축제가 한창이다. 한
숨이 나온다. 어느 때보다도 화려하고 들떠 있는 분위기의 멋진 날이
지만 나에게는 이 축제가 축제로 여겨지지 않는다.

저녁 8시. 어딘지도 모르는 이곳엔 경찰도 없고, 사람도 없고,
나 자신도 없다. 모두 다 사라졌다. 기타를 꺼내고 의자에 앉아 조용
히 연주를 시작했다. 가장 존경하는 화가 빈센트^{Vincent}를 추모하며
쓴 돈 맥클린^{Don Mclean}의 「Vincent」.

Starry, starry night

별빛 찬란하게 빛나는 밤

Paint your palette blue and gray

팔레트를 파란색과 회색으로 칠해보세요

Look out on a summer's day

여름날 밖을 내다보세요

With eyes that know the darkness in my soul

영혼 속의 어둠을 이해하는 눈으로

(중략)

Now I understand

이제는 이해할 수 있어요

What you tried to say to me

당신이 내게 하려던 말이 무엇이었는지

And how you suffered for your sanity

맑은 영혼을 가지려 당신이 얼마나 고통스러웠는지

And how you tried to set them free

그것들을 자유롭게 하려고 얼마나 애를 썼는지

They would not listen

아무도 들으려 하지 않았죠

They did not know how

듣는 방법도 몰랐고요

Perhaps they'll listen now

아마 이제는 들을 거예요

숙소로 돌아와 부모님께 전화를 걸었다. 오랜만에 듣는 부모님의 목소리에 오늘은 통화가 조금 길어졌다. 오늘따라 아버지가 운영하는 카센터의 연장소리가 귀에 맴돈다. 아버지의 목소리를 더 들었다간 눈물이 날 것 같아 조급하게 전화를 끊었다.

어렸을 때부터 아버지는 항상 그날 번 돈을 어머니 책상 위에 두었다. 나는 큰 돈뭉치를 볼 때마다 "아빠, 많이 버셨어요?"라고 물었고, 아버지는 흐뭇한 미소를 지어 보였다. 비가 온 날에는 돈뭉치가 그리 두껍지 않았다. 나는 어린 마음에 철없이 또 물었다. "아빠, 많이 버셨어요?" 아버지는 변함없이 흐뭇한 미소를 보였다. 이젠 조금 알 것 같다. 그때 아버지의 미소에 담긴 의미를 말이다.

감정은 어쩌면 날씨 같은 것이다. 나는 날씨를 통제할 수 없지만 어떤 날씨인지에 따라 길을 선택할 수는 있다. 비가 내리면 비에 젖더라도 갈 길을 가든지, 카페로 피하러 들어가든지, 아니면 우산을 사서 쓰고 가든지 말이다. 그 상황에 익숙해질 때쯤 비는 그치고 해가 떠오른다. 가만히 해를 바라보고 있으면 눈이 녹듯, 나 자신도 녹아 사라진다. 감정도 함께.

미국, 뉴욕

행복을 만드는 연주네요

다음 날 새로운 마음으로 다시 출발했다. 처음 찾아간 곳은 브루클린 브리지Brooklyn Bridge가 멋지게 보이는 맨해튼 브리지Manhattan Bridge. 책에서만 보던 그것이 저 멀리 빌딩들 사이로 웅장히 서 있다. 다리 밑으로 작은 공원이 보인다. 그곳은 다리를 감상하기에 가장 좋은 장소였다. 사람들은 한껏 포즈를 취하고, 사진을 찍고, 아름다운 광경을 바라보며 점심을 먹고 있다. 브루클린 브리지를 정면에서 볼 수 있는 작은 계단들이 있고 그 뒤로는 벤치도 있다. 해변 같은 느낌의 모래와 바위들, 바다는 아니지만 작게나마 일렁이는 물살과 따듯한 햇볕이 평화로워 보였다. 언제나 처음이 가장 어려운 법. 고요한 그곳에서 연주하려니 영 낯설었다. 초대받지 않은 파티에 온 것 같다. 계단 밑에서 세팅을 마친 후, 바로 앞에 앉아 책을 읽고 있는 한 아주머니에게 조심스레 말을 걸었다.

"안녕하세요, 잠시 여기서 음악을 연주하려 해요. 아마 책을 읽으시는 데 방해될 만큼 시끄럽지는 않을 거예요. 연주해도 괜찮겠죠?"

"물론이죠."

질끈 눈을 감고 연주를 시작했다. 첫 곡이 끝났지만 사람들은 무관심했다. 그 무관심에 오히려 편안해졌다. 아주머니가 작은 미소와 박수를 보내주었다. 몇 곡을 더 연주했다. 한 사람이 계단을 내려와 1달러짜리 지폐를 넣어주었다. 계단을 몇 개씩이나 내려와 돈을 주고 갈 만큼 인내심 깊은 사람은 얼마 없을 것이다. 장비를 가지고 계단 위로 올라가 연주를 이어갔다. 아주머니는 곡이 끝날 때마다 감사하게도 계속 박수를 보내주었다. 한 시간이 조금 지났을 즈음 아주머니가 인사를 건네러 다가왔다. 아르헨티나에서 온 루이지 아주머니. 이곳에서 연주를 계속 할 수 있도록 용기를 준 그녀에게 답례로 앨범을 선물했다.

시간이 흐를수록 햇빛 때문에 목 뒤가 따가워지고 기타도 점점 뜨거워졌다. 힘이 들었다. 그만하기로 결정하고 잠시 뒤를 돌아보았다. 브루클린 브리지는 여전히 장엄하게 서 있었다. 이렇게 아름다운 곳에서 연주했다는 사실에 매우 감격했다. 누구나 이곳에 와서 사진을 찍는다. 하지만 브루클린 브리지를 배경으로 기타를 연주하는 사진은 아마 나밖에 없지 않을까?

다음 목적지는 베드포드 애비뉴^{Bedford Avenue} 역. 예술가들의 마을이라 일컬어지는 곳이다. 상점과 카페, 레스토랑은 저마다 독특한 인테리어를 뽐내고 있고, 이상한 옷을 입은 사람들이 저벅저벅 거리를 활보하고 있다. 음악 하는 사람들도 쉽게 만날 수 있겠지 싶었지만 버스커들은 어디에도 없었다. 아무래도 이곳은 패션 관련 예술가들이 많은 듯하다. 거리 주변을 어슬렁거리다가 우연히 만난 한국 사람에게 물어보았다.

"혹시 여기에서 거리 공연을 하는 사람을 본 적 있나요?"

"아니요, 한 번도 없어요."

내가 이곳의 최초의 한국인 버스커가 되어야겠다. 이곳저곳을 샅샅이 살펴보았다. 하지만 인도 폭이 넓지 않고 앞으로는 차가 다니고 있어 연주하기 마땅찮아 보인다. 점점 밤이 다가왔다. 오늘은 뉴욕에서의 버스킹 마지막 날. 이렇게 한 번도 연주하지 못한 채 그냥 돌아갈 수는 없다. 마을을 조금 더 걸어보았다. 하지만 아무리 찾아도 내가 연주할 만한 장소가 보이지 않아 결국 돌아가야겠다고 생각했다. 미련 갖지 말자, 스스로 다독이며 지하철역 앞에 다다른 순간, 입구 앞으로 작은 공간이 눈에 띄었다. 그곳에서 1분 정도 지나가는 사람들과 주변 소음을 체크했다. 괜찮을 것 같다. 서둘러 세팅을 했다. 연주를 시작하고 얼마 지나지 않았을 때 지하철 입구에서 어떤 아름다운 아가씨가 어깨를 흔들며 내게 다가왔다. 저 반대편에서도 한 아주머니가 무단횡단까지 하며 내 쪽으로 오는 게 느껴졌다. 그리고 그 둘은 이야기를 나누었다.

"행복을 만드는 연주네요."

"그렇죠? 난 반대편에서부터 듣고 왔어요."

아가씨는 앨범까지 구입했다. 그리고 40분 뒤 저 멀리서 경찰이 다가오는 게 보였다.

"아쉽지만, 당신은 여기에서 연주할 수 없어요. 주민신고가 들어왔어요. 하지만 앰프를 사용하지 않는다면 연주할 수 있어요."

"보세요, 저는 앰프 없이는 사람들에게 연주를 들려줄 수 없습니다."

"알아요. 저도 저 멀리서 당신의 연주를 듣고 있었어요. 정말 좋더군요. 하지만 신고가 들어온 이상 어쩔 수 없어요."

주민신고가 들어온 이상 어쩔 수 없었다. 하지만 경찰이 칭찬해준 건 이번이 처음이었다. 오늘도 어제처럼 충분한 돈을 벌진 못했지만 사람들의 말 한마디 덕에 마음속 응어리가 사라진 듯하다. 뉴욕에서의 마지막 버스킹은 그렇게 끝났다.

기대와는 달리 뉴욕에선 거의 돈을 벌지 못했다. 캐나다에서 모은 돈으로 다음 목적지인 샌프란시스코행 비행기 티켓을 구입했다. 통장잔고와 현금을 합치면 이제 겨우 35만 원 정도가 남았다. 샌프란시스코의 숙박은 또 왜 이리 비싼지. 세금 포함 약 35달러로 우선 이틀치만 예약을 했다.

4차선 도로를 달리는 차들 옆을 터벅터벅 걸었다. 모든 것이 막연해지는 밤이다. 나는 과연 어디까지 갈 수 있을까. 어디까지 볼 수 있을까. 수많은 생각들이 머릿속에 떠올랐다가 사라지기를 반복한다. 문득 그런 생각도 든다. 뇌에 스위치가 있다면. 지금은 잠시 꺼두고 싶다. 바쁘게 살 때의 내 마음은 마치 물과 흙을 병에 담고 흔든 것 같다. 이성과 감성이 마구 섞여서 뭐가 뭔지 잘 모르겠다.

치익…. 마치 옛날 아날로그 텔레비전에서 정규방송이 끝나고 나오는 화이트 노이즈 같은 소음이 머릿속을 맴돈다. 잠시 생각에 젖노라면 이내 물과 흙이 구분되어 흙은 가라앉고 물은 떠오른다. 그런데 무엇이 흙이고 무엇이 물인지 구별을 못하겠다.

미국, 샌프란시스코

San Francisco, US

월리를 찾아라

다음 목적지까지 가기 위해 2개월 동안 내가 모아야 할 돈은 천 달러 정도. 어느 때보다도 열심히 모아야 한다는 부담감이 크다.

오전 11시 30분, 돈 로스Don Ross 백화점 앞. 아직은 연주하는 곳까지 해가 비치지 않는다. 어제의 경험에 비추어볼 때, 오후 2시가 넘어가면 건물들 사이로 뜨거운 햇볕이 내리쬔다. 그 햇살이 너무 따가울 뿐 아니라 악기에도 좋지 않기 때문에 이곳에서 두 시간 정도 연주하고 다른 곳을 찾아보기로 했다. 연주한 지 20분쯤 지났을 때부터 예상치 못한 일들이 벌어졌다. 두 시간 동안 앨범을 무려 다섯 장이나 판매한 것이다. 어안이 벙벙했다. 연주를 마치고 점심을 후다닥 먹은 다음 최대한 그 근처에서 햇빛이 비치지 않는 곳을 찾았다. 바로 옆 횡단보도를 건너니 비슷한 장소에 유동인구가 많은 곳이 있었다. 연주를 시작했다. 하지만 이번에는 정반대의 상황이 일어났다. 한 시간 동안 겨우 3달러를 벌었다. 만약 어떤 곳에서 한 시간 동안 연주했을 때 수입이 괜찮았다면, 다시 가도 그만큼 벌 수 있을 거라 생각한다. 그래서 다른 버스커가 오지 않았을까 노심초사하며 식사도 대충 하고 기대에 부풀어 다시 그곳으로 가곤 한다. 하지만 지금까지의 경험으로 절대 그럴 리가 없다는 걸 안다. 알면서도 달려가는 내 모습을 자주 발견한다.

내일이면 벌써 체크아웃을 해야 한다. 사실 뉴욕에 있을 때 여행 중 처음으로 몇몇 교회에 메일을 보냈다. 내가 하고 있는 여행에 대한 짧은 소개와 지금의 상황을 적으며 숙소를 제공받을 수 있는지 조심스럽게 여쭈었다. 아직 어떤 곳에서도 답장을 받지 못해 오늘은 직접 교회를 찾아가 얘기해보기로 했다. 그만큼 절실했다. 이렇게 걱정이 온몸을 휘감을 때마다 해결책을 찾을 수 있는 나만의 방법이 있다. 어릴 적 〈월리를 찾아라〉라는 그림책에서 월리가 좀처럼 보이지 않을 때 나는 잠시 책을 덮었다. 잠시 후에 다시 펴보면 신기하게도 익숙했던 그림들이 새롭게 보이면서 월리를 찾아낼 수 있었다. 한 발자국 떨어져 객관적으로 보면 한결 쉬워진다. 장기를 둘 때, 내가 게임에 임할 때는 생각나지 않지만 다른 이의 게임에는 훈수를 둘 정도로 잘 보이는 것처럼 말이다.

공원에서 낮잠을 한숨 자고 나니 몸이 개운해졌다. 오후 5시, 교회에 들르기 전에 다시 한 번 연주할 곳을 찾아 「Vincent」를 연주하고 있었다. 어느 한국인이 지나가던 길을 멈추고 나를 바라보았다. 노래를 마치자 먼저 말을 건네왔다.

"안녕하세요? 한국분이신가 봐요?"

"네, 안녕하세요."

"저도 그 노래 참 좋아하거든요. 카페에서도 가끔 연주했어요."

"아, 뮤지션이시군요! 반갑습니다. 전 기타를 들고 세계를 일주하고 있어요."

"정말요? 대단하시네요!"

"혹시 이곳에서 연주했던 카페를 제게도 소개해줄 수 있나요? 잔잔한 노래 위주로 해서 카페에 아주 잘 어울릴 거예요."

"그곳 사장님하고 잘 아는 사이니, 제가 한번 연락해볼게요."

그렇게 연락처를 주고받고 헤어졌다.

교회는 그리 멀지 않았고, 다행히 지하철로 한 번에 갈 수 있었다. 마침 오늘은 예배가 있는 날이다. 조용히 들어가 뒤쪽에 앉아 함께 찬송가를 불렀다. 낯선 청년의 노랫소리에 교회 안의 할머니, 할아버지들이 뒤를 돌아보더니 이내 미소로 가볍게 인사를 건넸다. 예배를 마친 후 목사님과 이야기를 나누었다.

"안녕하세요. 세계 일주 중인 조성욱이라고 합니다."

"반가워요. 기타를 가지고 다니네요?"

"네. 거리에서 연주를 하며 돈을 벌어 여행 자금을 충당하고 있습니다."

"아! 혹시 메일 보내지 않았나요? 기억이 납니다."

"네, 답장이 없으셔서 이렇게 불쑥 찾아왔습니다."

"저도 어떻게 도움을 드릴 수 있을까 고민하고 있었어요. 그런데 이렇게 빨리 찾아오실 줄 몰랐네요. 아마 제가 날짜를 잘못 본 것 같습니다."

메일에 썼던 내용을 다시 한 번 말씀드렸다.

"죄송하지만 교회 내부에서는 숙식을 제공하기 어려울 것 같아요. 내일 청년들이 모이는데 그때 다시 얘기해보는 것이 어떨까요?"

기대했던 답을 듣지는 못했지만 작은 희망이 생겼다. 와이파이를 잡아 확인하니 아까 만난 희준 형에게서 메시지가 와 있었다. 다행히 사장님이 허락을 했다고 한다. 카페 주소를 받고 다시 지하철에 올랐다.

밤 10시가 되어 도착한 카페에는 사람들이 빼곡했다. 카페는 그리 크진 않지만 나무로 디자인된 모던한 스타일로 따뜻한 분위기를 풍기고 있었다. 안으로 들어가 희준 형과 인사를 나누었다. 희준 형이 소개해준 사장님은 젊고 풍채가 좋았다.

"희준이에게 얘기는 들었어요. 기타를 가지고 여행하고 계시다면서요?"

"네. 길거리에서 연주해서 생기는 수입으로 여행 경비를 충당하고 있습니다."

"대단하네요. 얼마나 됐어요?"

"이제 500일 가까이 되었습니다."

여행에 대한 짧은 이야기를 나눈 후 본격적으로 카페에서 연주할 수 있을지에 대해 물어봤다.

"물론이죠! 언제부터 하실 수 있나요?"

"호의적으로 말씀해주셔서 정말 감사합니다. 그럼 제가 지금 한 번 연주해봐도 될까요? 손님들이 좋아해주시고 카페 분위기와도 잘 맞는다면, 이곳에 머무는 동안 연주를 계속 하고 싶습니다."

적당한 장소를 찾아 세팅한 후 연주를 시작했다. 사람들은 갑자기 시작된 연주에 처음에는 신기해하다가 이내 다시 하던 일로 시선을 돌렸다. 아랑곳하지 않고 최선을 다해 연주했다. 30분가량의 연주를 마치자 사장님은 흡족해하며 언제든지 연주를 하러 오라고 했다. 그리고 희준 형은 내게 조심스럽게 물었다.

"혹시 머물 곳이 없다면 우리 집으로 올래?"

생각지도 못했던 희준 형의 호의에 적잖게 놀랐다. 원래 알던 사이도 아닌 데다가 만난 지 얼마 되지 않았음에도 불구하고 낯선 이방인을 집에 머물게 해주다니. 숙식이 해결되어 기쁘기도 하지만 무엇보다 희준 형의 용기와 결정에 감동받았다. 그는 월리였다.

"안녕하세요, 저는 기타를 들고 세계 일주를 하고 있습니다. 길거리에서 연주를 하며, 그 수입으로 여행을 계속 해나가고 있고, 여행한 지는 500일 가까이 되었습니다. 어쩌면 여러분에게 제 음악은 낯설지도 모릅니다. 하지만 제가 분명히 말씀드릴 수 있는 건 여러분이 무엇을 하고 있든지 간에 더 좋은 분위기로 만들어드린다는 것입니다."

연주를 시작하기 전, 주위를 둘러보았다. 가장 가까이에는 외국인 다섯 명이 한 테이블에 앉아 있었고, 그 뒤로는 각자의 노트북을 바라보며 열중하는 사람들이 테이블에 하나둘씩 자리 잡고 있었다. 심호흡을 크게 한 번 한 뒤 연주를 시작했다.

언제나 문전박대당하던 나였다. 추운 동유럽과 무덥고 습한 아프리카에서 연주하던 때가 떠오른다. 하지만 지금은 육체적으로뿐만 아니라 심리적으로도 나를 포근히 감싸주는 따뜻함이 있다. 연주하는 내내 눈물이 날 뻔했다. 연주 중 앞에 앉아 있던 외국인 친구들이 팁을 넣어주었다. 너무 집중한 나머지 눈인사하는 것조차 잊어버렸다. 45분의 첫 번째 연주를 마쳤다. 잠시 밖에 나가 기지개를 켜고 크게 숨을 들이마셨다. 두 번째 연주를 시작하기 전, 앨범과 페이

스북 홍보를 했다. 마지막으로 사장님에게 감사 인사를 전하는 것을
잊지 않았다.

"정말 이렇게 허락해주시는 분은 찾기 힘들어요. 대부분 '메일
을 통해 다시 연락해라'라는 식이고 메일을 보내도 답장이 안 오는
경우가 대부분이죠. 하지만 사실 메일을 보내라는 말을 듣는 것조차
어려워요. 정말 감사합니다."

조이 카페에서의 연주가 끝났다. 희준 형은 내게 야경을 보여
주고 싶다며 어떤 언덕으로 나를 데리고 갔다.

"평소엔 그 길을 잘 걷지 않아. 그날은 갑자기 농구를 한 게임
하자고 연락이 왔어. 신발이 불편해서 하나 구입할 겸 백화점에 가는
길이었지. 그런데 갑자기 너의 노래가 들린 거야. 나도 무척 좋아하
는 「Vincent」였지. 단번에 네가 한국인인 걸 알아봤어. 말을 걸려고
연주가 끝날 때까지 기다렸어. 평소 같았으면 그냥 지나쳤을 텐데 그
노래가 내 발걸음을 멈추게 한 거야."

그날 어떻게 형은 그런 연락을 받았고, 그 길을 걸었고, 나는
때마침 그 노래를 부르고 있었을까? 아름다운 야경을 바라보며 우리
는 함께 「Vincent」를 불렀다.

다음 날, 따사로운 정오. 돈 로스 백화점 앞에서 장소를 옮겨
희준 형을 만난 곳으로 갔다. 다섯 개의 도로가 교차하는 이곳은 백
화점 앞보다 훨씬 조용해 연주와 감상에 더없이 좋은 조건을 갖추었
다. 연주를 시작했다. 사람들은 음악이 흐르는 곳을 바라보며 신호를
기다렸다. 그리곤 내게 엄지를 치켜세우며 1달러씩 주고 갔다.

"아깐 그냥 지나갔는데, 당신의 깨끗한 소리가 날 다시 이리로

오게 했어요. 좋은 노래 고마워요.”

"당신의 노래가 내 영혼을 정화해주었어요.”

최근 들어 버스킹으로 돈을 가장 많이 번 날이었다. 앨범을 무려 여덟 장이나 팔고, 받은 돈을 모아보니 40달러나 되었다. 하지만 그보다도 사람들의 음악에 대한 솔직하고 정직한 표현이 마음을 녹여주었다.

500일의 편지

　길거리에서 연주를 하며 생기는 수입으로 여행을 시작한 지 오늘로 500일이 되었습니다. 여행하면서 만난 이들에게 내 소개를 하면 그들은 종종 오해하곤 합니다. 나는 특별한 사람이 아닙니다. 음악 천재도 아니고, 화려한 경력도 없으며, 학벌도 고작 대학 중퇴입니다. 페이스북 유명 인사도, 파워블로거도 아닙니다. 많은 사람들은 내게 묻습니다. 어떻게 여행을 시작했는지, 정말 버스킹으로 여행이 가능한지, 여행이 끝나면 무엇을 하고 싶은지, 나의 과거와 현재 그리고 미래에 대해서요. 나는 대답합니다. 조금씩 가슴이 뛰는 일들을 쫓다 보니 이곳까지 왔다, 다른 여행자들이 하는 것처럼 먹고 자고 놀면 여행을 이어갈 수 없다, 이 여행이 끝날 때쯤 다시 내 안에 가슴 뛰는 일이 있을 것이다, 라고요. 이렇게 얘기하면 사람들은 고개를 갸우뚱합니다. 어쩌면 좋아하는 일만 하면서 산다는 것은 바람직하지 않을 수도 있습니다. 하지만 내 가슴을 뛰게 하는 일을 하지 않는다면 그것엔 더 큰 용기가 필요할 것입니다.

　네. 나는 불안정합니다. 철이 덜 든 것일지도 모르겠습니다. 어느 것 하나 확실하지 않습니다. 나는 스스로 정의 내리지 않기로 했습니다. 500일이란 숫자가 중요한 것이 아닙니다. 하루에 얼마나 버는지도 중요하지 않으며, 미래에 대한 계획 또한 중요하지 않습니다. 가장 중요한 것은 지금 내가 '무엇을 믿고 있느냐'입니다. 내가 들고 있는 이 기타가 내일이 되면 부서져버릴 수도 있습니다. 가지고 있는 모든 것들이 증발해버릴 수도 있습니다. 걷던 이 길이 순식간에 땅속으로 꺼져버릴 수도 있습니다. 이런 사실이 가능하다는 걸 잘 알기에 너무 무섭습니다. 받아들이기 어렵지만 나는 매일매일 새로운 마음으로 결심합니다. 보이는 것을 믿지 않고, 보이지 않는 것을 믿기로요. 이것이 나의 신념이자 모두에게 고백하고 싶은 나의 마음입니다. 나는 특별한 꿈을 가진 평범한 사람입니다.

조용히 반짝거리는 것

샌프란시스코에서의 마지막 밤을 앞두고 작은 음악회를 열었다. 전자피아노와 바이올린, 그리고 두 대의 기타. 그것만으로 카페는 상당히 비좁아졌다. 시작 전부터 이미 만원이었다. 심지어 서서 기다리는 사람도 적지 않았다. 아무런 인사말 없이 많은 사람들의 시선 속에서 기타의 선율로 막을 열었다. 희준 형과 가볍게 했던 이야기가 점점 커져 여기까지 와버렸다. 처음에는 이렇게 될 줄 상상도 못했다. 카페에서 연주할 때 희준 형을 게스트로 불러 함께 「Vincent」를 연주하려다가 희준 형의 목소리가 워낙 좋아 몇 곡을 더 불렀으면 좋겠다고 생각했고, 그게 점점 커져 세션까지 추가되었다. 총 아홉 곡을 준비했다. 가슴이 벅차올랐다. 그저 평범한 여행자였다면 경험하지 못했을 이 순간. 작년 여행은 얻는 것보다 잃는 것에 더 집착했다. 만남보다는 이별을 보았다. 나만의 길을 보지 못하고 다른 여행자들과 비교하기 시작할 때부터 나는 불행했다. 하지만 모로코에서 많은 것을 잃어버리고 난 후부터 나는 변했다. 길을 잃으니, 길 밖의 세상이 보이기 시작했다. 생각의 변화가 행동으로 이어졌고, 그 행동이 결국 나 자신을 변화시켰다.

루이 암스트롱Louis Armstrong의 「What a wonderful world」를
연주했다. 이 노래는 아프리카 여행이 끝날 때쯤 탄자니아 모시Moshi
에서 매일 들었던 노래다. 메인 멜로디를 연주하는 바이올린이 옥타
브를 올려 분위기를 고조시켰다. 나는 계속 아르페지오로 화음을 만
들어주었다.

I see trees of green red roses too

난 푸른 나무와 붉은 장미를 바라보아요

I see them bloom for me and you

나와 당신을 위해 장미가 꽃을 피우는 걸 바라보죠

And I think to myself

그리고 홀로 생각에 잠겨요

what a wonderful world

이 세상이 얼마나 놀라운가를

The colors of the rainbow so pretty in the sky

하늘에 떠 있는 무지개 일곱 색깔은 너무나 아름다워요

Are also on the faces of people going by

지나가는 사람들의 얼굴 또한 예뻐요

I see friends shaking hands saying how do you do

난 친구들이 악수하며 인사하는 걸 바라보아요

They're really saying I love you

그들은 정말로 당신을 사랑한다고 말하고 있어요

I hear babies cry

난 아이들이 우는 소리를 들어요

I watch them grow

그들이 자라나는 걸 바라보죠

They'll learn much more

그들은 내가 알지 못하는

than I'll never know

아주 많은 것들을 배울 거예요

And I think to myself

그리고 난 혼자 생각해요

what a wonderful world Yes I think to myself

이 세상이 얼마나 놀라운가를 난 혼자 생각해요

드디어 「Vincent」를 연주할 차례가 되었다.

"우리가 이 곡 때문에 만난 거야."

곡을 시작하기 전 희준 형은 내게 나지막한 목소리로 말했다.

'이젠 알 수 있을 것 같아요. 당신이 무엇을 말하려 했는지 언젠가 사람들도 알겠죠.'

나는 이 부분이 참 좋다. 화려한 도시 속에서 아주 작게 그리고 조용히 반짝거리는 것.

EXIT
Love
CERTIFIED
FAIR
TRADE
COFFEE
Try our
Coffee!

NO
U
TURN

멕시코, 칸쿤

Cancun, Mexico

찾아온 기회

공항에서 버스를 타고 시내에 있는 터미널에 도착했다. 숙소까지 택시를 타고 싶었지만, 멕시코 페소가 부족한 관계로 걸어가야만 했다. 위험하다는 이야기를 워낙 많이 들었던 터라, 지나가는 사람들 몰래 아이패드를 켜서 다운받은 지도를 눈으로 외워가며 겨우겨우 호스텔에 도착했다. 저녁 7시인데도 매우 습하다.

칸쿤Cancun은 크게 시내와 호텔 존의 두 구역으로 나뉜다. 시내에는 현지인들이 살고, 호텔 존에는 말 그대로 거대한 호텔들이 카리브 해변에 쭉 늘어서 있다. 그야말로 엄청난 규모의 관광지였다. 다음 날은 시내를 돌아다녔다. '마켓 28'은 28구역에 있다 해서 그런 이름이 붙었는데 칸쿤의 시장 중에서 규모가 가장 크다고 한다. 기타와 캐리어는 호스텔에 두고, 몇 장의 앨범과 명함만 가지고 나왔다. 레스토랑을 돌아다니다 괜찮을 것 같으면 그곳의 매니저와 만나볼 생각이었다. 보험 판매원이라도 된 것 같다. 마켓 안에는 큰 식당들이 몰려 있고, 이미 연주 중인 악단도 보였다.

"안녕하세요. 저도 뮤지션이에요. 혹시 이곳에서 저도 연주를 할 수 있을까요?"

"미안하지만, 그럴 수 없어요. 여기서 연주하려면 관리인에게 사인을 받아야만 해요."

몇 군데 더 가보았지만 반응은 비슷했다. 보통 이런 경우엔 쉽게 허가받기 힘들다. 가장 큰 이유는 외국인이며, 여행비자이기 때문이다. 주말이 되어 사람들이 많이 모이는 팔라파스 공원Parque Las Palapas으로 향했다. 지도를 보며 찾아갔지만 도중에 길을 잃었다. 그런데 그것이 기회로 바뀌었다. 한참을 헤매다가 근사한 레스토랑을 발견했다. 안으로 들어가자, 무대가 마련되어 있고 보기 드문 높은 천장에 샹들리에가 빛나고 있었다. 모든 테이블은 이미 세팅이 완료되어 있었다.

"안녕하세요. 한국에서 온 기타리스트 조시입니다. 이곳에서 연주할 수 있을까요?"

"어떤 음악을 하는데요?"

"제가 샘플을 좀 가져왔는데, 한번 들어보겠어요?"

준비해온 앨범을 매니저에게 건넸다. 그는 직원에게 음악을 재생하라 시켰다. 첫 트랙을 끝까지 듣고 난 뒤 매니저는 내게 말했다.

"좋은 음악이네요. 하지만 지금은 비수기라 연주하기 어려울 것 같아요. 대신 사장님이 새로 오픈한 레스토랑이 호텔 존 쪽에 있는데, 그곳에서는 아마 가능할 것 같네요."

"그래요? 그럼 그곳을 지도에 표시해주겠어요?"

"여깁니다. 참, 그리고 가기 전에 오피스에 들러주세요. 저기 보이는 바로 저 건물이에요. 내일 아침 10시쯤 가면 담당자를 만날 수 있을 겁니다."

다음 날, 찌는 듯한 더위였지만 내가 가진 최고의 옷으로 차려입고 오피스로 향했다. 앨범과 명함도 잊지 않았다. 이곳은 레스토랑뿐 아니라 마야 박물관도 함께 운영하고 있었다. 한 시간을 기다린 후 사장을 만날 수 있었다. 사장실 입구에는 다양한 기념품과 박제된 사슴, 그리고 총이 걸려 있어 마치 조폭의 대부를 마주하는 듯해 겁에 질리고 말았다. 떨리는 목소리로 소개를 하고 샘플 음악을 들려주었다. 조용히 음악을 듣던 그는 나지막한 소리로 말했다.

"약간 지루하군."

"아닙니다. 제 음악은 잔잔하고 부드러워서 손님들에게 편안함을 줄 수 있습니다."

이마에 식은땀이 났다.

"음악이 좋아도 손님들이 싫어하면 그건 좋지 않은 비즈니스지만, 음악이 좋고 손님들도 좋아한다면 그건 좋은 비즈니스지. 아무튼 지금은 좋은 시즌이 아냐. 나보단 내 아들하고 이야기하는 편이 낫겠어. 저쪽 방에 가면 만날 수 있을 거야."

앨범을 선물로 주고 방에서 나왔다. 숨이 멎을 듯했다. 옆방으로 들어서자 사장과는 완전히 다른 이미지의 아들을 만날 수 있었다.

Restaurant Bugambilias
RESTAURANT
Bugambilia
MEXICAN FOOD
DESAYUNOS/BREAKFAST
HUEVOS
HILAQUILES ROJO

라 비추엘라 레스토랑

"들어와요."

시원한 인상의 젊은 사장이 인사했다. 비서로 보이는 듯한 여자와 사업 파트너로 보이는 좀 더 나이가 든 멕시코 남자도 있었다. 서투른 스페인어로 인사를 하며 명함을 건넸다. 내 여행을 소개하기 전에 먼저 나의 음악을 어필했다.

"좋은데요? 그렇죠?"

젊은 사장이 말했다. 그리곤 옆에 앉아 있는 멕시코 남자와 눈빛으로 의사를 주고받았다.

"미안하지만 지금은 비수기라 연주비를 드릴 수 없어요. 지금은 월, 수, 금요일마다 하는 마야 쇼만으로도 벅찹니다. 대신 손님들에게 팁을 받으러 다니는 건 허락할게요. 그리고 저녁 식사를 제공하죠. 괜찮나요?"

"물론이죠, 감사합니다."

"언제부터 가능한가요?"

"오늘부터 가능합니다!"

"그래요. 그럼 저녁 7시에 레스토랑으로 오세요."

그는 지도에 레스토랑의 위치를 표시해주었다. 레스토랑의 이름은 '라 비추엘라 선셋La Habichuela Sunset'. 30분 전 도착해 들어가는 순간 입이 떡 벌어졌다. 입구에서 봤을 땐 그냥 작은 레스토랑 같았는데, 그 안은 세계 여행을 하며 본 레스토랑 중 최고의 분위기와 규모였다. 이곳에서 연주를 하다니 믿기지 않는다.

"보통 연주자들은 바깥 테라스에서 연주를 합니다. 저를 따라오시죠."

지배인을 따라 밖으로 나가니 더 멋진 공간이 펼쳐져 있었다. 감탄에 감탄이다. 저녁 식사 하기엔 아직 일러서 그런지 손님은 하나도 없었다. 다섯 명의 웨이터들만이 손님 맞을 준비를 마치고 잡담을 나누고 있었다.

"이곳은 당신이 편한 대로 사용해도 됩니다. 테이블을 돌아다녀도 되고, 한 곳에서 연주를 해도 돼요. 마음껏 이 공간을 사용하세요."

적당한 자리에 세팅을 하고, 웨이터에게 물 한 잔을 부탁했다. 멀리서 첫 손님이 걸어온다. 웨이터에게 배경음악을 천천히 줄여달라고 부탁하고, 연주를 시작했다. 참 아름답다. 노을이 천천히 지고 있고, 빛에 의해 손님들의 실루엣만이 보일 뿐이었다. 지배인은 두세 곡을 듣더니 흡족한 듯 몇 번 고개를 끄덕이며 박수를 치고는 안으로 들어갔다. 마야 쇼가 시작하기 전까지 다섯 테이블에 손님이 찼다. 테이블마다 찾아가 내 소개를 했다.

"안녕하세요. 잠시 제 소개를 해도 될까요? 전 한국에서 온 기타리스트 조시입니다. 길거리에서, 혹은 이렇게 레스토랑에서 연주를 하며 세계 일주를 하고 있습니다. 지금은 520일 정도 되었습니다. 혹시 제 음악을 즐겁게 들으셨다면 팁을 주시거나, 10달러에 팔고 있는 제 앨범을 구입해주신다면 감사하겠습니다."

다섯 테이블을 돌며 같은 이야기를 반복했다. 한 장의 앨범을 팔았고, 팁으로 50페소를 받았다. 곧 마야 쇼가 시작했다. 웨이터가 메뉴판을 건네며 저녁 메뉴를 고르라고 한다. 메인 메뉴 가격을 보았다. 평균 300페소. 평소 한 끼를 20~30페소로 해결하는데 무려 열 배나 비쌌다. 적당한 것을 시키고 마야 쇼를 감상했다. 몇 분 뒤, 웨이터가 애피타이저를 가져다주었고, 또 5분 후에 식전 빵과 음료를 주었다. 마야 쇼가 끝나고 다시 연주를 시작했다. 한 곡을 마쳤을 때, 한 테이블에서 큰 박수가 터져 나왔다. 그 소리에 옆 테이블에서도, 또 그 옆 테이블에서도 박수가 터져 나왔다. 한 시간가량을 쉬지 않고 계속 연주했다. 어느 순간부터 뒤에서도 박수 소리가 들렸다. 어둠 속이라 잘 안 보였지만 고개를 돌려 인사하는 것도 잊지 않았다. 그리고 다시 테이블을 한 바퀴 돌았을 때, 맨 처음 박수를 쳐준 테이블에서 무려 앨범을 세 장이나 구입해주었다. 내 앨범 케이스의 배경이 토론토라고 말하자, 그들도 토론토에서 왔다며 나를 더욱 반겨주었다. 캐나다, 미국, 프랑스, 독일 등 모두 다녀왔던 곳이라 손님들과 이야기를 나누는 것이 한결 쉬웠다. 같은 얘기를 너무 많이 반복해서 지칠 정도였다. 자리로 돌아와서 연주를 마치려는데, 아까부터 어둠 속에서 내게 나지막이 박수를 보내는 이가 있었다.

"아르만도Armando!"

세련된 흰색 바지와 남방을 입은 그는 낮에 만난 젊은 사장이었다.

"저도 그 앨범을 한 장 구입하고 싶어요. 당신의 음악 정말 훌륭합니다."

아르만도가 한 장의 앨범을 구입해주었다. 선물로 주고 싶었
지만 그는 거절했다. 그의 친구까지 구입해주어 오늘 총 아홉 장의
앨범을 판매했다. 아르만도와 그의 친구, 그리고 지배인과 함께 서로
의 지난 시간을 이야기하며 하루를 마무리했다.

위로받지 못하는 마음

다음 여행 목적지는 쿠바. 비행기 티켓 비용을 모으기 위해 열심히 연주하고 있다. 비행기 티켓 값이 3,900페소인데, 하루에 100페소를 벌면 39일, 200페소를 벌면 20일, 300페소를 벌면 13일이 걸린다. 거기다 호스텔 하루 방값이 130페소, 아침과 점심 식사에 아무리 아껴도 50페소는 지출하고, 왕복 버스 차비로 20페소가 든다. 하루에 최소 200페소 이상은 벌어야 비행기 티켓 값을 위해 저축할 수 있다. 오래 걸릴 것이 분명했다. 게다가 지금은 비수기이다. 과연 쿠바에 갈 수 있을까? 쿠바에 가는 것이 맞는 걸까? 왜 쿠바에 가려는 것일까? 스스로에게 질문을 하고 그에 대한 답을 찾지 못하면 쿠바는 포기해야 했다. 여행은 아직 한참 남았는데 특별한 목적도 없는 곳에 가면서까지 시간과 비용을 허비할 수는 없었다.

일주일 이상 계속 비가 내렸다. 아르만도가 물었다.

"오늘은 몇 장 팔았어?"

"겨우 두 장 팔았어요."

"괜찮아! 금, 토요일에 꼭 와. 그땐 아마 손님들이 많아서 열 장, 스무 장 팔 수 있을 거야!"

오늘은 금요일. 하늘은 여전히 어둡고 오전부터 내리기 시작한 비는 오후가 되어도 그치지 않는다. 아무래도 오늘도 레스토랑 안에서 연주해야겠다.

레스토랑 2층에서 연주를 시작했다. 2층에 세 테이블, 1층에 두 테이블이 차 있다. 50분 정도 연주한 후 테이블을 돌아다녔다.

"괜찮습니다."

"필요 없어요."

깔끔하게 거절당했다. 거절이야 할 수도 있지만, 오늘따라 더욱 차갑게 느껴지는 그 말이 가슴 깊숙이 찌르고 들어온다. 온몸에 힘이 빠진다. 마야 쇼가 시작되기 전 갑자기 1층에 스무 명 정도의 단체손님이 들어왔다. 허겁지겁 저녁을 먹고 동향을 살펴보았다. 하지만 내가 연주하는 2층에는 단 두 테이블만 차 있을 뿐이었다. 게다가 한 테이블은 아까 거절한 테이블이었다. 다시 연주를 시작했다. 연주하는 내내 창문 너머의 작은 불빛을 바라보았다. 작은 배 모양을 하고 있는 그 불빛은 아마 버스를 타고 매일 이곳으로 오며 보았던 레스토랑인 것 같다. 문득 집 생각이 난 건 왜일까. "남의 돈 벌기가 쉬운 줄 알아?" 아버지의 말씀이 생각난다. 어머니의 김치찌개와 내 방, 내 책상이 그립다. 나를 힘들게 하는 온갖 생각들이 스친다. 겨우 몇 번 거절당했다고 쓰러지면 안 된다. 지면 안 된다. 행복했던 순간과 힘들었던 순간이 교차하면서 나를 괴롭힌다.

그렇게 연주에 집중하지 못한 채 한 시간이 흘렀다. 단체손님들이 하나둘 일어나더니 2층으로 올라왔다. 하지만 그 무리는 내 앞에 우두커니 서서 떠들고 있다. 라이브로 연주하는 사람은 신경도 쓰지 않는다. 없는 사람 취급을 당하는 것 같아 화가 났다. 자존심이 무너진다. 어디를 가나 이방인이구나. 제길. 가슴이 미어진다. 아까 연주할 때 단체손님이 한 팀 더 온 것이 생각났다. 지푸라기라도 잡는 심정으로 지배인에게 부탁했다.

"아까 온 단체손님들 앞에서 연주할 수 있을까요?"

"미안해. 그분들은 워낙 특별한 손님들이라 어려울 것 같아."

고개를 떨구고 짐을 챙겨 숙소로 돌아왔다.

토요일 저녁, 다시 그곳으로 향했다. 새로운 희망과 함께. 하지만 오늘은 연주하기도 전에 충격적인 말을 들었다.

"조시, 미안해. 오늘은 중요한 미팅이 워낙 많아서 연주하기 어려울 것 같아."

왕복 차비만 20페소를 내고 왔는데, 그거라도 좀 챙겨주지. 몸도 마음도 거지가 된 것만 같다. 기대하게 만든 젊은 사장 아르만도가 원망스럽기까지 하다. 터벅터벅 나오면서 직원에게 일요일 스케줄을 확인했다. 내일은 중요한 자리가 하나도 없다고 한다. 다행이다.

사람은 힘들다고 쓰러지지 않는다 한다. 위로받지 못하면 쓰러진다고 한다. 나를 위로할 수 있는 것은 어디에 있을까? 친구들에게 전화해서 울어버릴까? 미친 척 돈이라도 왕창 써볼까? 추적추적 비가 내린다.

일요일 저녁, 항상 입구에서 인사를 나눈 지배인이 오늘은 웬일인지 보이지 않는다.

"코모 에스타 Cómo está(잘 지냈어)? 오늘은 지배인 안 왔어?"

"코모 에스타는 지배인이나 보스에게만 하는 거야. 오늘은 둘 다 없으니까 우리끼리 편하게 얘기하자고!"

직원은 편하게 인사할 수 있는 다른 인사말을 가르쳐준다. 지배인과 아르만도도 편하게 대하라고 항상 말하지만 말처럼 쉽지 않다. 아무래도 눈치를 보게 된다. 그렇기에 그들이 없는 이 시간이 어느 때보다도 편하게 느껴진다. 2층은 비어 있고, 1층은 세 테이블이 차 있다. 직원에게 조심스럽게 물어보았다.

"오늘은 2층 테이블이 비어 있는데 1층에서 연주해도 될까?"

"물론이지. 어디쯤에서 하고 싶은데?"

다행이다. 조심스러웠던 이유는 1층에서 연주하려면 테이블을 몇 개 옮겨야 했기 때문이다. 그래야만 연주할 수 있는 충분한 공간이 나온다. 직원 두 명이 내가 부탁한 대로 큰 테이블을 치우고 적당한 공간을 마련해주었다. 내 앞으로는 창가의 세 테이블에서 식사하는 손님들이 있었다. 2층에서 바라보았던 배 모양의 불빛은 여전히 저 멀리서 영롱하게 빛을 발하고 있다. 손님들을 마주보고 서서 연주를 시작했다. 알 수 없는 느낌이 온몸을 휘감는다. 첫 곡이 끝나자 식사 중인 손님들이 크게 박수를 쳐주었다. 작은 고갯짓으로 답례한 뒤, 두 번째 연주를 이어나갔다. 어느 때보다도 복잡한 지금의 내 감정을 음악으로 풀어냈다. 슬픔과 기쁨과 만남과 이별, 서러움과 고독, 처절함과 부끄러움, 행복과 원망까지. 연주가 계속될수록 내 안에 가득했던 감정들이 한꺼번에 우르르 쏟아져나오면서 정화되는 것을 느꼈다. 아무 생각 없이 그냥 울어버리면 오히려 속이 시원해지는 것처럼. 여행에서 쌓인 감정들을 눈물 대신 기타 연주로 모두 토해냈다.

연주가 끝나고 나니 숨이 턱 끝까지 차올랐다. 이상하다. 마치 100미터 달리기를 한 듯하다. 오늘의 연주는 그 누구도 아닌 바로 나 자신을 위한 것이었다. 살아 있음을 느꼈다. 언제나 돈으로부터 자유롭지 못했던 내가 잠시나마 음악으로 인해 해방된 기분을 맛보았다.

오랜 고민 끝에 쿠바를 가기로 결정 내렸다. 물론 비행기 티켓 값은 엄청난 액수이지만 그래도 믿기로 했다. 이것으로부터 또 다른 새로운 시작이 있으리라고. 누군가에겐 '당연히' 지불하는 비행기 값이지만 나에게 '당연히'라는 것은 없다. 여행사에서 티켓 값을 지불한 후, 프린트된 티켓을 받아 나왔다.

후련하다.

쿠바

Cuba

쿠바 엑스포에서의 연주

"아주머니, 혹시 오비스포 거리^{Calle Obispo}에서 버스킹을 해도 되나요?"

"조시, 제발 하지 마. 그럼 나까지 피해를 입어."

"네? 왜요?"

"예전에 머물렀던 한 일본 청년이 길거리에서 티셔츠를 판매한 적이 있어. 그러다가 경찰에게 적발됐지. 경찰은 그에게 어디에 머물고 있냐고 물었고 그 뒤 여기로도 경찰에게 전화가 왔어."

"아, 그런 일이 있었군요. 어쩔 수 없겠네요. 그럼 레스토랑에서는 할 수 있을까요?"

"그건 잘 모르겠어. 직접 가서 물어보는 편이 나을 거야. 아무튼 길거리에선 하지 마. 제발 부탁해."

숙소 주인인 호아키나^{Joaquina} 아주머니는 경찰이 오면 쇠고랑을 차고 감옥에 간다는 것을 보디랭귀지로 적극적으로 표현하며 말했다. 그 일본인 때문에 한바탕 곤욕을 치렀던 모양이다. 사회주의국가인 쿠바에서는 여행객의 상업적 행위를 엄격히 금지하고 있다. 물론 버스킹도 포함된다. 나만 피해를 입는다면 상관없지만 아주머니에게도 피해가 간다면 그건 용납할 수 없는 일이다.

　　미술품이 전시되어 있는 큰 가로수 길을 걷고 있었다. 처음 만나는 쿠바의 미술에 관심이 갔다. 천천히 감상하며 걷다가 '한국쿠바문화교류협회'의 문화예술 분야 담당자인 정명재 선생님을 만나게 되었다. 선생님은 벌써 쿠바만 세 번째 방문이라고 한다. 한국인을 일주일 만에 만난다며 굉장히 반가워했다. 함께 저녁 식사를 하며 서로의 삶과 여행에 대해 이야기를 나누었다. 선생님은 내 이야기를 듣더니 흥미로운 제안을 하나 했다.

　　"내일부터 일주일 동안 쿠바 엑스포가 열리는데, 그곳에서 연주해볼 생각 있니? 아직 연주비에 대한 부분은 확실하지 않지만, 분명 좋은 기회가 될 거야!"

　　당연히 놓칠 수 없는 기회였다. 바로 약속을 잡았다.

　　다음 날 오전 10시. 선생님과 함께 엑스포 장소에 도착했다. 그곳에 있던 한국인 헤어 디자이너 원장님이 호의를 베풀어 나의 머리를 매만져주었다. 무대에 오르는 가수의 기분이 이런 걸까?

　　내가 연주할 부스는 한국 드라마와 한국 음악을 알리는 부스로, 비교적 넓었다. 세팅을 시작하자마자 사람들이 몰리더니, 연주를 시작하기도 전부터 이미 30명 정도의 사람들이 기다리고 있었다. 그저 무대만 보고 내가 연예인인 줄 안 모양이다.

　　세계적으로 유명한 핑거스타일 기타리스트 토미 엠마뉴엘 Tommy Emmanuel의 「Mombasa」를 첫 곡으로 연주를 시작했다. 사람들은 연주보다도 핸드폰이나 카메라로 사진 찍는 데에 열중했다. 음악을 듣는 이도 있었지만 그냥 지나치는 이들도 많았다. 이런 공간에서 연주하는 것이 낯설었다. 하지만 정작 집중을 방해하는 건 오히려 다른 것이었다. 전시장 입구에 있는 금호타이어 부스에서 온몸을 금색으로 칠한 채 해적 코스튬을 하는 행위예술가였다. 쿠바에서는 행위예술을 쉽게 볼 수 없는지 사람들은 매우 신기해하며 연신 플래시를 터트리며 즐거워하고 있다. 내 앞에 있던 사람들도 순식간에 빠져나갔고, 새로운 사람들도 조금 모였다가 이내 그곳으로 가버렸다.

30분의 연주를 마치자 몇몇 사람들이 함께 사진을 찍어달라고 요청했다. 이런 분위기 속에서도 내 연주를 들어주고, 나를 지켜봐 준 사람들이 있다는 것이 신기하면서도 큰 위로가 되었다. 30분의 휴식을 가진 뒤 두 타임을 더 연주했다. 하지만 그 뒤로도 자꾸 행위예술가에게 관객을 뺏기는 것 같아 마음을 다잡기 어려웠다. 최선을 다해 연주하는 건 의지로 가능하지만 비교하지 않는 것은 내 의지 밖의 일이었다.

모든 연주가 끝났다. 선생님은 아무래도 연주비를 받기 어려울 것 같다고 했다. 나는 직접 한국 기업을 찾아가 나를 소개하고 앨범을 판매하기로 했다.

"안녕하세요, 아까 저쪽 부스에서 연주했던 청년입니다."

"오, 안녕하세요. 그렇잖아도 이야기 나눠보고 싶었어요."

나는 그간의 여행 이야기를 들려주었다. 하지만 그보다 중요한 것은 언제 앨범에 대해 이야기를 꺼낼지 타이밍을 잡는 것이었다. 자칫 '역시 뭘 팔려고 왔구나'라고 생각할 것 같아 굉장히 조심스러웠다. 하지만 그것은 나의 기우였다. 앨범 얘기를 꺼내자마자 흔쾌히 구입해주었다. 거기다 여행경비에 보태 쓰라며 돈을 더 건네주었다.

그렇게 이틀간 총 세 장의 앨범을 판매했다. 덕분에 호아키나 숙소비
를 부담 없이 지불할 수 있었다.

평균 연령 80세의 버스커팀

엑스포 연주를 마친 다음 날, 선생님은 아침 일찍 호아키나 숙소로 찾아왔다. 오비스포 거리에서 만난 버스커 두 팀과의 합주 스케줄을 잡았다며, 서둘러 장비를 챙기라고 한다. 어느샌가 선생님은 나의 매니저를 맡고 있었다. 오늘은 쿠바 사람들과의 음악적 교류를 경험해보자는 마음으로 선생님과 함께 길을 나섰다.

오비스포 거리는 관광객들로 가장 붐비는 곳이다. 예전에도 느꼈지만 바나 레스토랑에서 연주하는 사람들은 많은데 의외로 버스커들이 없다.

첫 번째 버스커팀을 만났다. 커플로 보이는 남녀 버스커. 그들은 가난해 보였다. 남자는 낡은 클래식 기타를 치며 휘파람으로 멜로디를 만들었고, 여자는 몇 가지 타악기로 연주에 흥을 더했다. 타악기라고는 하지만 그저 고물상에서 주워온 고물처럼 보일 뿐이었다. 나도 기타를 들고 그 옆에 서서 함께 연주했다. 선생님은 미니 카혼과 셰이커로 리듬을 만들어냈다. 언제나 혼자 연주하다가 같이 하려니 낯설다. 쉬지 않고 20분을 연주했다. 손가락에 쥐가 날 것 같다.

지나가는 관광객들은 매우 많았지만, 돈을 주는 이는 40분 동안 겨우 두 사람뿐이었다.

두 번째 만난 팀은 평균 연령 80세, 총 다섯 명으로 구성된 '로스 맘비스Los Mombies'라는 이름의 팀이었다. 리더로 보이는 할아버지는 봉고를 연주하며 노래를 불렀고, 다른 두 할아버지는 기타와 클라베스를 연주했다. 최고령자인 91세 할아버지는 잼 뚜껑으로 철 구조물과 돌바닥을 두들기고 긁으며 리듬을 더했다. 셰이커를 신나게 흔들며 연주하는 모습이 참 인상적이다. 마지막 멤버이자 이 팀의 홍일점인 할머니는 사람들 앞을 돌아다니며 팁을 받았다. 선생님은 작년에 이 팀을 처음 만났고, 그때부터 가끔씩 함께 연주를 한다고 했다. 나이가 워낙 많아서 그런지, 좀 전에 만난 남녀 버스커처럼 열정과 파워가 충분하지 않다. 사람들이 없을 땐 쉬고 있다가 관광객들이 조금 지나간다 싶으면 그때부터 부랴부랴 연주하기 시작한다. 리더 할아버지가 팀원들에게 사인을 줄 때의 표정은 비장하면서도 귀여웠다.

그들 틈에 앉아 세팅을 시작했다. 앰프를 꺼내자 다들 신기해하는 눈치다. 쿠바에는 이런 고급 음향장비가 없다. 배터리로 충전하는 최신식 앰프를 보자 구경하던 몇몇 쿠바인들이 앰프가 어떻게 작동되는 건지 묻는다. 로스 맘비스와 나는 미리 맞춰본 적도 없고, 의사소통도 원활하지 않다. 하지만 이내 음악은 만국공통어임이 증명되었다.

타악기가 있어 빠르고 신나는 노래 위주로 선곡을 했다. 첫 곡으로 비틀즈Beatles의 「Let it be」를 연주했다. 나는 평소대로 멜로디와 화성을 연주했다. 곧 리더 할아버지의 봉고가 들어왔다. 할아버지는 멜로디를 방해하지 않는 선에서 가볍게 연주했다. 후렴에서 잠깐 멈추는 부분이 있는데, 표정으로 내 의사를 전달하자 할아버지는 제대로 내 의사를 읽어주었고, 곡은 의도한 대로 흘러갔다. 91세 할아버지는 파트가 바뀔 때마다 다양한 퍼커션으로 재미난 소리를 연출했다.

처음에는 미국과 적성국가인 이곳에서 팝을 연주할 수 있을지, 그리고 사람들의 기분을 망치지 않을지 우려했지만 워낙 유명한 노래여서 그런지 흥얼거리는 사람들이 꽤 있었다. 금세 사람들이 가득 모였다. 팁을 받는 할머니도 신이 났는지 동전 바구니를 들고 사람들과 춤을 추었다.

어느 순간, 주위에 경찰들이 몰려오기 시작했다. '치노(중국인)'라는 말이 호출기에서 들려왔다. 하지만 다행히 별다른 제재가 없어 연주를 이어갈 수 있었다. 외국인인 나는 돈을 받지 않기 때문이었다. 로스 맘비스는 돈을 벌어 좋고, 나는 연주할 수 있어 좋고. 누이 좋고 매부 좋고, 꿩 먹고 알 먹는 셈이다. 호아키나 아주머니가 우려한 일은 일어나지 않았다.

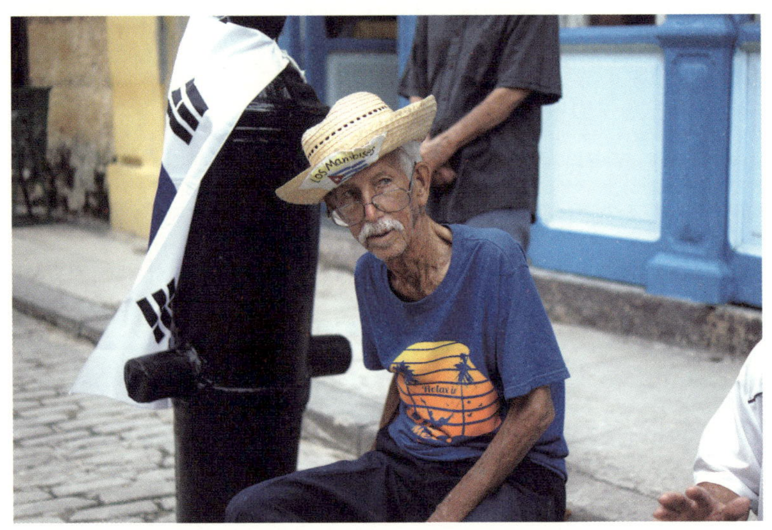

쿠바

음악으로 하나 되는 사람들

로스 맘비스와 연주하던 어느 날, 한 현지인 아주머니의 초대를 받았다. 연주회가 있다며 꼭 참석해달라는 것이었다. 숙소에서 만난 한국인들과 함께 찾아간 그곳은 작은 학교 같았다. 무대에서는 쿠바인들이 음악을 연주하고 있었고, 20~30명의 백인들이 의자에 앉아 무대를 보고 있었다. 우리도 자리에 앉아 음악을 들었다. 잠시 후 원장으로 보이는 사람이 무대로 나와 이곳에 대해 설명하기 시작했다. 이곳에 앉아 있는 백인들은 모두 미국에서 왔다고 한다. 쿠바는 미국과 적성국가이기 때문에 미국인이 오는 것은 불법이라고 들었는데, 이 사람들은 어떻게 온 것일까?

나를 초대한 아주머니의 딸인 루이지는 보여줄 것이 있다며 우리를 옥상으로 데려갔다. 옥상에는 쿠바에서 볼 수 없었던 값비싼 드럼과 앰프들, 일렉 기타와 이펙트 등 다양한 장비들이 있었다. 이 장비들을 어떻게 구했는지 궁금했다. 루이지는 록 밴드의 보컬이었다. 밴드의 리더인 기타리스트 존과 인사를 나눴다. 그는 사고로 오른손부터 팔꿈치까지 절단했다. 존은 잠시 기타를 연주해 자신의 실력을 보여주었다. 절단된 마디에 피크를 끼고 기타를 어깨에 바짝 멘 채 연주했다. 실력이 수준급이다.

이윽고 저녁 식사가 준비되었다며 루이지는 우리 일행을 식당으로 인도했다. 마련해준 테이블에 앉아 함께 식사를 하며 미국인들이 어떻게 이곳에 왔는지 자세히 들을 수 있었다. 원래는 비자 발급 자체가 안 되지만, 예전에 이곳에 살았거나 혹은 살고 있는 후손들의 가족에 한해 비자가 발급된다고 한다. 그래서 합법적으로 올 수 있었던 것이다. 그들은 호텔에서 제공해준 관광 프로그램 중 하나로 이곳을 방문했다고 한다.

식사를 마치고 루이지와 존, 그리고 나머지 멤버들이 연주 준비에 들어갔다. 존의 소개와 함께 밴드 음악은 시작되었다. 그들이 연주한 음악은 미국의 팝이었다. 미국과의 적대관계로 인해 문화적 교류는 전혀 없을 거라고 생각했는데 예상 밖이었다. 미국인들이 와서 그런 걸까? 나중에 루이지에게 이야기를 들어보니 문화적 교류가 없는 것은 다 옛날 일이고, 지금 쿠바의 젊은이들은 미국 문화를 매우 좋아한단다. 한일 관계와 비슷하지 않을까, 라고 생각했다. 흥겨운 음악이 시작되자 사람들은 무대 앞으로 나가 춤을 추기 시작했다. 우리도 그들과 어울려보았다. 예술은 어떻게 이들의 벽을 허물고 하나로 만들었을까? 오늘의 무대는 일회성 이벤트로 끝나버리겠지만, 미국과 쿠바의 경계는 없어 보인다. 음악으로 하나 되는 시간 속에서 나는 문득 어떠한 생각에 사로잡혔다.

'예술은 무엇에 영향을 받고, 무엇에 영향을 끼치는 걸까?'

쿠바인과 미국인의 음악을 즐기는 태도는 우리나라 사람들과 많이 달랐다. 이들에게 음악은 특별한 것이 아닌 일상, 그러니까 삶 그 자체였다. 남녀노소 할 것 없이 어울리는 모습에 부끄럼 따위는 없어 보였다. 수많은 나라를 거치면서 예술을 대하는 사람들의 태도를 직간접적으로 느낄 수 있었다. 예술의 다양함만큼이나 태도에도 많은 차이가 있었다. 그 사실이 굉장히 흥미로웠다. 도대체 왜일까?

요즘 문득 배움에 대한 열정이 든다. 그동안 '필요한 것을 필요한 만큼 하자'는 신념으로 살았다. 지금까지는 만족했고, 나름 괜찮게 살고 있다고 생각했다. 솔직히 우월감을 느낀 적이 더 많았다. 하지만 세계의 길 위에서 많은 예술인들을 만나면서 내 음악에 한계를 느꼈다. 열등감에 사로잡힐 때도 많았다. 발전하고 싶다. 깊이 있는 연주를 하려면 배워야 한다.

예술에는 경험이 매우 중요하다. 기본 위에 경험을 쌓았을 때, 더 많은 상상을 현실로 만들어낼 수 있지 않을까?

멕시코, 산크리스토발

San Cristobal, Mexico

해발 2,300미터 위의 도시

약 스무 시간 정도 꼬부랑길을 달려 도착한 산크리스토발San Cristobal. 다시 멕시코로 돌아왔다. 버스에서 내내 잤지만 높은 고도에 적응이 안 되었는지 호스텔에 도착해 침대에 눕자마자 네 시간을 더 잤다. 저녁도 먹을 겸 잠시 동네를 한 바퀴 돌아보기로 했다. 고도가 높은 이 도시는 쿠바에서의 무더위를 까맣게 잊게 해줄 만큼 기온이 무척 낮았다. 해가 지고 맞이한 첫 밤. 슈퍼마켓으로 가는 도중 헤매다가 어떤 길을 만나게 되었다. 손이 닿을 만큼 가깝게 느껴지는 검은 하늘과 구름, 마치 하늘의 별이 잠시 내려온 듯한 노란 가로등 불빛. 그 모습에 잠시 동안 움직이지 못했다. 길 양쪽으로 카페와 술집들이 늘어서 있고, 외부 테이블에 앉은 사람들은 커피와 술을 마시고 있다. 이 거리에는 사람들의 이야기, 술잔이 서로 부딪히는 소리만이 전부였다. 천천히, 아주 천천히 걸었다. 문득 이런 생각이 든다.

'음악으로 이 길을 더욱 아름답게 만들고 싶다.'

구름은 나를 동심으로 데려간다. 해발이 높으니 구름이 더욱 가까워 보인다. 첫 버스킹을 나가는 길, 어느 때보다 가슴이 두근거린다. 노을로 물든 어제의 그 길이 어서 오라고 손짓하는 것만 같다. 적당한 자리를 찾고 연주를 시작했다. 10분도 채 되지 않아 주위에 어린아이들과 아주머니들이 모이더니 길 위에 풀썩 앉는다. 시간이 지날수록 더 많은 사람들이 모였다. 말도 안 통하는 멕시코인들이 내 주위에 삼삼오오 모여들고, 내 음악을 들으며 나를 빤히 쳐다본다. 그리곤 음악에 맞추어 몸을 흔들고, 발을 구른다. 천천히 지는 노을 과 그들이 앉아 있는 풍경은 적절히 조화를 이루었다. 사람들은 음악 이 끝날 때마다 박수로 답해주었다. 나는 서투른 스페인어로 "그라시 아스, 무이 비엔Gracias, Muy bien(감사합니다, 아주 좋군요)"이라고 답했다.

　　어느새 해가 저물고 어둠이 찾아왔다. 다시 별들이 내려왔다. 숙소에 돌아가 잠시 쉬다가 옷을 따뜻하게 챙겨 입고 나왔다. 연주를 시작하자 사람들이 모여들었다. 보통 사람들은 한두 곡 듣다가 가버 리는데, 이곳 사람들은 아예 자리를 잡고 앉는다. 그들을 실망시키고 싶지 않아 쉬지 않고 연주로 보답했다. 밤이 늦었는데 사람들이 움직 일 생각을 하지 않는다. 결국 직접 이야기했다. "이제 끝났어요. 끝까 지 들어주셔서 감사합니다."

　　사람들이 늦은 밤까지 집에 가지 않고 음악을 듣고 있었던 이 유는 뭘까? 내가 느꼈던 아름다움을 그들도 느낀 걸까? 누군가 내게 어디에서의 버스킹이 가장 좋았냐고 묻는다면, 서슴지 않고 멕시코 산크리스토발의 과달루페 거리Real de Guadalupe라고 대답할 것이다. 하 늘과 가깝고도 고요했던 그곳 말이다.

INORGÁNICA

라디오로부터의 초대

　　다음 날 같은 곳에서 연주를 하는데 관리인으로 보이는 한 사람이 찾아왔다. 영어가 통하지 않자 10대 소녀 다섯 명이 도움을 주었다.

　　"무슨 일이에요? 도와드릴까요?"

　　"고마워요. 여기서 거리 연주를 하는데, 자꾸만 못하게 하네요. 혹시 허가증을 받을 수 있는 곳을 물어봐줄 수 있나요?"

　　소녀들은 그 관리인과 한참을 이야기했다. 그중 내가 알아들을 수 있는 것은 "포르 파보르 Por favor(부탁드려요)" 한 마디뿐. 여행자니까 봐달라고 애원하는 것 같았다. 하지만 관리인은 완강했고, 결국 소녀들도 포기했다. 관리인은 지도를 꺼내더니 시청에서 허가증을 받을 수 있다며 장소를 표시해주었다. 다섯 명의 소녀들은 다시 "포르 파보르"를 외치며 관리인에게 뭐라고 이야기한다. 관리인은 마지못했는지 검지를 치켜세우며 "딱 한 곡만 더 해!"라고 말했다. 소녀들은 난리가 났다. 딱 한 곡의 연주를 마치고 소녀들과 인사를 했다. 숙소로 돌아가려는 순간 누군가 내게 말을 걸었다.

　　"당신의 음악, 무척 흥미롭네요. 나는 이곳에서 라디오를 진행

하는 훌리오 세사Julio Cesar라고 해요. 혹시 우리 프로그램에 출연해서 연주할 수 있나요?”

　내 음악을 겨우 한 곡 들었을 뿐인데 라디오 프로그램에 초대한다니. 믿기 힘들었지만 밑져야 본전이라는 생각으로 흔쾌히 승낙했다. 그의 전화번호를 받고 장소와 시간을 정했다.

　다음 날 아침, 우선 버스킹 허가증을 받기 위해 관리인이 가르쳐준 시청을 찾아갔다. 한국인 숙소 ‘까사무’에서 만난 일본인 친구 고이치가 통역을 도와주기로 했다. 고이치는 이곳에 3년 정도 살아서 스페인어를 어느 정도 할 수 있었다. 시청 관계자는 결코 쉽게 허가증을 발급해주지 않았다. 아쉽지만 어쩔 수 없이 오늘 라디오 방송을 마치면 이곳을 떠나야겠다고 생각했다. 연주할 수도 없는데 돈을 쓰면서 이곳에 머물 만한 여유가 없기 때문이다. 멕시코의 물가는 생각보다 비싸다.

　고이치와 함께 라디오 스튜디오에 도착했다. 부스 너머로 훌리오가 보인다. 그가 어떤 질문을 할지 머릿속이 캄캄하다. 훌리오가 부스 안에서 우리에게 손짓한다. 방송 시작 전, 훌리오는 먼저 나의 이름과 나이, 국적 등의 신상 정보와 여행에 관련된 몇 가지를 물었다. 광고가 지나가고 훌리오의 재미난 목소리로 방송이 시작되었다. 특별한 게스트를 모셨다고 이야기하는 것 같다. 아까 알려준 신상 정보를 토대로 나를 소개했다. 그는 늑대의 울음소리로 시작을 알리며, 만화에 나올 법한 성대모사로 순서를 이어나갔다. 어린이들을 위한 방송인 듯하다. 이때 훌리오가 휴대폰으로 라디오를 틀었다. 그런데 그의 목소리가 실시간으로 나온다. 생방송이었던 것이다! 고이치의 이마에서 식은땀이 나기 시작했다. 홀리오가 질문을 하면 고이치는 그것을 내게 영어로 통역해주었다.

"왜 기타와 함께 여행을 하고 있나요?"

"기타를 들고 다니며 거리에서 버스킹을 하고 있고, 그 수입으로 여행 비용을 충당하고 있습니다. 이제 여행한 지 550여 일 되었어요."

"언제부터 기타를 쳤죠?"

"열다섯 살부터 쳤으니까, 12년 정도 된 것 같아요."

그 외에도 몇 가지 질문을 주고받았다. 잠깐의 광고 시간을 갖고 다시 이야기를 이어나갔다. 첫 곡으로 일본의 유명 핑거스타일 기타리스트인 마사키 기시베Masaaki Kishibe의 「Eternal」을 연주했다. 아이들에게는 통통 튀고 재밌는 노래를 들려주는 것이 좋을 것 같았다. 연주가 끝나고 잠시 쉬는 시간, 홀리오가 내게 '사랑해'를 한국어로 어떻게 말하는지 물었다. 진행 중에 쓸 생각인가 보다. 광고가 끝난 후 두 번째 곡인 「청춘」을 연주했다. 나의 자작곡이 전파를 타서 멕시코 어린이들에게 전해진다고 생각하니 신기할 따름이다. 연주가 끝나고 전화연결이 이어졌다. 어린아이는 수줍어하며 이야기를 했지만, 뭐라 하는지 나는 전혀 알아들을 수 없었다. "아, 그래요?", "아, 그렇군요"라며 최대한 맞장구를 쳐주는 수밖에 없었다. 전화연결을 마치면서 홀리오가 아이에게 "사랑해"라고 말했다. 아까 물어본 게 이것 때문이었나 보다. 마지막으로 홀리오는 어린아이들에게 들려줄 만한 짧은 곡을 부탁했다. 그 곡을 마지막으로 모든 순서를 마쳤다. 50분의 시간이 어떻게 지나갔는지도 모르겠다. 언젠가부터 고이치의 이마에는 핏줄이 서 있다. 나보다 더 긴장했던 모양이다. 홀리오는 내게 물었다.

"언제까지 여기에 있을 거예요?"

"길거리에서 연주할 수 있는 허가증을 받기 위해 오늘 시청에 갔다 왔어요. 그 허가증을 받았다면 더 있을 예정이었는데, 발급해주지 않네요. 아마 내일이나 모레쯤 떠나야 할 것 같아요."

"그래요? 그럼 내가 도와줄게요. 그쪽 관계자들을 잘 알고 있거든요."

훌리오는 내일 오후 4시에 이곳으로 다시 오라고 했다. 어떻게 도와줄지 모르지만 작은 것으로부터 또 이렇게 새로운 '시작'이 있다는 것이 무척이나 놀랍고 감사하다. 이곳에 좀 더 머무를 수 있다면 좋겠다. 훌리오가 허가증을 받아줄 수 있을까? 까사무 사장님이 멕시코는 연고주의가 강하기 때문에 가능할 거라고 귀띔해주었다.

멕시코, 산크리스토발

드디어 받은 허가증

설레는 마음으로 라디오 스튜디오를 찾아가 훌리오를 만났다. 그는 광고가 나가는 사이에 잠시 부스에서 나와 내게 종이 한 장을 건넸다. 그 종이에는 분명히 연주 날짜와 시간이 기재되어 있었고, 사인과 도장까지 찍혀 있었다. 허가증이 확실해 보였다.

"고마워요! 정말 고마워요, 훌리오!"

연신 고맙다는 인사를 했다. 그 종이를 가방에 곱게 넣고 장비를 챙긴 다음 다시 그 거리로 갔다. 관리인은 나를 기다렸다는 듯 이번에는 경찰과 함께 다가왔다.

"허가증 받았어?"

"그럼요, 받았지요."

웃으며 그에게 건넸다. 그는 차근차근 읽어보더니 내게 복사를 해오라고 말했다. 복사본을 넘기고 나서야 경찰은 내게 "웰컴!"이라며 두 손을 펼쳐 환영하는 몸짓을 보였다. 드디어 받았다. 말도 안 통하는 이곳에서 합법적으로 버스킹을 할 수 있다니. 정말 굉장한 일이 아닐 수 없다.

다음 날도 같은 곳에서 연주를 했다. 얼마 지나지 않아 동양

계로 보이는 한 아주머니가 내게 다가와 "한국인이세요?"라고 물었다. 기타 가방에 달아놓은 태극기 배지를 본 모양이다.

"안녕하세요. 어떻게 여기까지 오셨어요?"

"세계 일주를 하고 있어요. 이렇게 기타를 들고 연주하며 거리에서 살아가고 있죠."

"14년간 이곳과 미국을 오가며 의료봉사를 하고 있는데, 여태껏 한 번도 한국인을 본 적이 없어요. 정말 대단하네요."

그리고는 음악이 너무 좋다며 앨범을 한 장 구입해주었고 옆에 놓여 있는 의자에 앉아 잠시 들어도 되겠냐고 했다. 몇 분이 지났을 때, 관리인이 다시 왔다. 이번에는 더 높은 위치에 있을 것 같은 두 사람과 함께.

"이것은 허가증이 아닙니다. 단지 그것을 허락해달라는 편지일 뿐이에요."

내가 아무 말도 못하자 옆에서 지켜보던 아주머니가 중재해주었다. 분명 이 관리인도 자신의 업무에 최선을 다하는 중이겠지만 매번 나타나는 타이밍도 그렇고 아주 작정하고 연주를 방해하는 것만 같다. 계속해서 아주머니는 도장과 사인을 가리키며 허가증이 맞다고 나를 도와주었지만, 그들은 여전히 아니라고 말했다. 원점으로 돌아갔다.

다시 시청으로 갔다. 이번에는 고이치의 도움 없이 혼자 갔다. 전에 내게 허가증을 발급해줄 수 없다는 관계자는 없었고, 다른 사람이 인도해주었다. 그에게 훌리오로부터 받은 편지를 보여주었다.

"혹시 여기에 적힌 이 이름의 사람을 만나보았나요?"

이 관계자는 다행히 영어를 조금 할 줄 알았다. 나는 아니라고 대답했다.

"이 사람이 담당 책임자입니다. 만나러 갑시다."

아무래도 관리인의 말이 맞았나 보다. 답답한 나머지 내가 오해했던 것이다. 그분을 따라 걸어가 어떤 건물에 도착했다. 건물 입구의 글씨로 추측해보건대, 이곳은 시청이라기보다 문화와 예술에 관련된 업무를 처리하는 곳 같아 보였다. 그곳에서 인상이 그리 환하지 않은 담당자를 만났다. 그에게 훌리오에게서 받은 편지를 건넸다.

"미안하지만 겨울에 있을 축제 때문에 허가증을 발급해줄 수 없습니다."

"축제가 언제 시작하죠?"

"12월 중순부터 시작합니다."

"저는 12월이 오기 전에 이곳을 떠날 거예요. 그러니 한 번만 더 고려해주세요."

그는 신중히 생각하더니 다시 한 번 그 편지를 천천히 읽기 시작했다.

"이번 한 번만 당신에게 허가증을 발급해주겠습니다. 사실 이것은 올바르지 않은 방법이에요. 나중에 훌리오에게 이곳을 한번 찾아오라고 전해주세요."

훌리오가 준 편지는 이곳 책임자에게 내가 연주할 수 있도록 부탁하는 청원서였다. 내 음악을 한 번 듣고 라디오 스튜디오에 초대해준 것과, 또 그런 나를 위해 청원서를 직접 써준 훌리오에게 너무나도 고마웠다. 두 시간 후, 진짜 허가증을 발급받았다. 까사무에 돌아가 숙소 친구들에게 이 기쁜 소식을 전했다. 그리고 그날 저녁 나의 연주를 보기 위해 모두 거리에 나와주기로 했다. 저녁을 해결하고 장비를 챙겨 별이 머무는 그곳으로 다시 나갔다. 이젠 사람들이 하나둘씩 인사를 건넨다. 일주일 가까이 매일 보던 이방인을 친구로 받아준 것 같다. 밖에서 술을 마시던 사람들도 박수로 내게 힘을 실어준다. 박수란 참 존중받고 있다는 기분을 안겨준다. 그것이 참 따뜻해서 내겐 큰 위로와 힘이 된다.

한 펍의 웨이터가 내게 와인 한 잔을 건넸다. 진짜 허가증을 받은 기념으로 축배를 들었다.

COPY TON
FOTOCOPIADORAS

행복한 버스커

허가증을 받고 연주한 지 일주일이 지났다. 급격히 추워진 날씨에 감기가 든 것 같다. 며칠간 끼니도 잘 챙겨 먹고 비타민도 꾸준히 섭취한 덕에 조금 나아진 것 같지만, 날씨는 점점 추워진다. 아무래도 산 아래로 내려가야 나아지려나 보다. 이제 사람들은 예전처럼 주변에 앉아 듣지 않는다. 날씨가 추워진 탓인지, 그저 스쳐 지나갈 뿐이다. 여름에 잘 나가던 베짱이는 겨울이 오자 사람들의 냉대함에 그때를 그리워한다. 손이 시리다. 입김이 나온다. 별들은 여전히 길 위에 머물러 있지만 처음의 그 감동은 어느새 일상이 되어 더 이상 내게 감흥을 주지 못한다. 젠장. 사람들이 곁에 없으니 쓸쓸하다. 천천히 비틀즈의 「Let it be」를 연주해본다.

When I find myself in times of trouble

내가 근심의 시기에 처해 있을 때

Mother Mary comes to me

어머니 메리가 다가와

Speaking words of wisdom

지혜의 말을 해주었어요

Let it be

"순리에 맡기거라"

And in my hour of darkness

내가 암흑의 시간 속에서 헤매고 있을 때에도

She is standing right in front of me

어머니 메리는 내 앞에 바로 서서

Speaking words of wisdom

지혜의 말을 해주었어요

Let It be

"순리에 맡기거라"

And when the broken hearted people

Living in the world agree

세상의 모든 상심한

사람들마저도 동의해요

There will be an answer

이 말에 해답이 있다고요

Let it be

"순리에 맡기거라"

For though they may be parted

비록 헤어지게 될지라도

손은 점점 굳어가지만 생각은 조금씩 또렷해진다. 하늘을 보며, 별을 보며 생각에 잠긴다. 그동안 걸어온 길들을 묵상해본다. 연주하며 바라봤던 풍경들, 사람들. 나를 본 사람들, 내 음악을 들어준 사람들. 언제부턴가 버스킹의 성공 요인을 분석하고 공식화하는 나를 발견했다. 그것은 나를 끊임없이 괴롭혔고, 자유롭게 하기는커녕 발목을 붙잡았다. 무식하지만 용기 있던 때가 좋았다. 경험이 늘고 요령이 생기고 노련해지면서 음악과 멀어지고 있는 느낌을 지울 수 없었다.

연주한 지 40분 정도 지났을 때, 며칠 전 보았던 10대 소녀 둘이 찾아왔다. 그때 명함을 주면서 페이스북 친구를 맺었는데, 메시지를 주고받으면서 소녀들이 한번 찾아오겠다고 하더니 오늘 온 것이다. 추운 날씨임에도 그들은 묵묵히 연주를 들어주었다. 연주가 끝나자 갑자기 내 머리에 모자를 씌워주고, 따뜻한 커피 한 잔을 건네주었다. 정작 자신들은 손을 호호 불어가면서. 그 모습이 안쓰러워 더 이상 연주할 수 없었다.

"나도 너희들에게 선물을 주고 싶어. 그리고 날씨가 점점 더 추워지니까 날 기다리지 말고 집으로 들어가."

그리고 그들에게 앨범을 한 장씩 선물했다. 그들은 간다며 인사를 하고는 내게 악수를 청했다. 그때 내 손에 꼬깃꼬깃 접은 100페소짜리 지폐를 쥐어주었다. 부끄럽다. 얼굴을 못 들겠다. 내가 그들보다 나이가 많아서 그런 걸까? 보답하고 싶었다. 문득 외장하드에 한국 영화와 드라마가 있다는 것이 떠올랐고, 한국 문화를 좋아하는 그들에게 복사해서 선물해주고 싶었다. 우린 내일 다시 만나기로 약속을 잡았다.

다음 날, 몸이 더 안 좋아진 것 같다. 하지만 약속을 어길 수 없기에 마음을 추스르고 다시 길 위로 나섰다. 이곳에서의 마지막 밤이다. 하얀 입김이 공기 중에 퍼진다.

'오늘은 돈보다도, 사람들의 박수보다도 그저 위로를 받고 싶다. 따뜻해지고 싶다. 몸 속 깊이 얼어버린 내 마음이 녹아내릴 정도로.'

잠시 후 소녀들이 찾아왔다. 나는 준비한 외장하드를 건넸고, 연주하는 동안 그들은 복사를 하기 위해 카페로 갔다. 40분 후 돌아온 그들의 손에는 작은 쇼핑백이 있었고, 그 쇼핑백을 나에게 건네주었다. 그 속을 확인하는 순간 눈물을 주체할 수 없었다. 정성스레 쓴 편지와 도시락, 군것질거리, 감기약 그리고 직접 그린 듯한 한 장의 그림이 있었다. 색채가 강한 여러 색깔의 배경 속에 꼿꼿이 서 있는 몇 송이의 장미꽃이었다.

어디에도 소속되지 않은 채, 정처 없이 떠도는 긴 여행 속에서 나는 점점 차가워져갔다. 합리적인 것을 찾고, 무신경해지며, 반복되는 만남과 이별 속에서 점점 회의적으로 변해갔다. 그런 나의 추악한 모습이 단번에 부서지는 순간이었다. 그 부서진 껍질 안에는 발가벗고 웅크려 있는 어린 내가 있었다. 잊고 있었던 여행의 첫 순간이 떠올랐다. 또 한 번 눈물이 왈칵 쏟아졌다. 소녀들의 눈에도 눈물이 맺혔다. 감기로 몸은 여전히 괴로웠지만 그것은 그저 외면적인 것일 뿐, 그들이 내게 준 사랑으로 차가웠던 가슴은 뜨겁게 회복되었다.

어떤 면에서 나는 정말 행복하다. 성공보다 실패가 많았음에도. 비싼 밥보다 싸구려 밥을 더 많이 먹었음에도. 관심과 사랑보다 무관심과 냉대가 더 많았음에도. 웃음 짓는 날보다 우울하고 쓸쓸한 날이 더 많았음에도. 아주 사소한 것에도 마치 모든 것을 가진 것처럼 행복할 수 있다.

빈센트 반 고흐가 동생 테오에게 보낸 편지 중에 이런 말이 있다.

"열심히 노력하다가 갑자기 나태해지고, 잘 참다가 조급해지고, 희망에 부풀었다가 절망에 빠지는 일을 또다시 반복하고 있다. 그래도 계속해서 노력하면 수채화를 더 잘 이해할 수 있겠지. 그게 쉬운 일이었다면 그 속에서 아무런 즐거움도 얻을 수 없었을 거다. 그러니 계속해서 그림을 그려야겠다."

짧은 여행이라면 매일이 즐거울 수 있다. 하지만 긴 여행에서 매일 즐거움을 찾기란 무리이다. 어쩌면 그 즐거움은 노력해서 얻어야 하는 것일지도 모른다는 생각이 들었다. 그러니 계속해서 여행을 해야겠다.

코스타리카

Costa Rica

뮤지카 페르미소!

산크리스토발을 떠나 과테말라에서 3일간 휴가를 보냈다. 그 후 엘살바도르, 온두라스, 니카라과를 거쳐 드디어 중미의 끝, 코스타리카에 도착했다. 수도인 산호세San Jose에 도착한 것은 저녁 7시. 가로등만 켜져 있을 뿐 상점들은 다 문을 닫았다. 아무것도 보이지 않고 그저 캄캄했다. 사람들에게 호스텔로 가는 길을 물어보니 다들 택시를 타라고 권한다. 하지만 돈이 얼마 남지 않았으니 대중교통을 이용하기로 했다.

다음 날, 새로운 거리와 마주했다. 한 도시의 대표적인 거리는 도시뿐만 아니라 그 나라의 많은 것을 보여준다. 페르난데스 거리Rogelio Fernández Güell는 산호세의 대표적인 거리이다. 차가 다니지 않는 2차선 도로 정도의 폭에 거리 양쪽으로는 많은 상점들이 즐비해 있다. 다른 도시와 달리 곳곳에서 복권을 파는 모습을 심심찮게 볼 수 있다. 세련된 인테리어의 외국 브랜드 상점과 DVD, 장난감, 양말 등 갖가지 물건을 파는 노점상의 상반되는 모습이 공존해 있으니 왠지 흥미롭다. 현대적인 마켓과 재래시장이 한데 어우러진 듯하다.

크리스마스 시즌이라 그런지 거리에는 인파가 엄청났다. 점심을 먹으려 주머니를 뒤져보지만 맥도널드에서 1달러짜리 햄버거를 하나 사 먹을 정도밖에 없다. 아쉬우니 그것으로나마 허기를 달래본다. 거리를 돌아다녀 봤지만 버스커들은 한 명도 보이지 않는다. 괜히 불안해진다. 그동안 버스커들이 없는 데에는 다 그만한 이유가 있었기 때문이다. 일단 세팅을 시작했다. 선선한 날씨는 연주하기에 딱 안성맞춤이었다. 거리의 중앙으로 자리를 잡았다. 길 한쪽에 붙어 하는 것보다 중앙에서 하는 것이 사운드가 더 멀리 퍼져 많은 사람들이 들을 수 있기 때문이다.

주위는 상인들로 어수선하다. 귀마개를 끼고 연주를 시작했다. 얼마 지나지 않아 사람들이 주위로 모여들기 시작했다. 사람들은 처음 보는 연주가 신기한지 멍하니 쳐다본다. 그리고 한두 명씩 동전을 던져준다. 코스타리카의 동전은 가장 작은 것 5페소(약 10원)부터 10, 25, 50, 100페소로 종류가 많다. 사람들이 가장 많이 던져주는 동전은 50페소와 100페소짜리. 한국 돈으로 100원, 200원 정도인 셈이다. 코스타리카의 물가에 비해 100페소는 저렴하기 때문인지 사람들이 쉽게 주는 것 같다. 이곳의 물가는 미국과 비슷하다.

몇 분 후 내 뒤로 경찰이 왔다. 계속 주변을 감시하는 것 같았다. 10분이 지났지만 다행히 별말은 없었다. 허가증 없이 연주할 수 있는 걸까? 연주 중에 몇몇 사람이 앨범 가격에 대해 물어보았다. 5,000페소라고 하자 대부분 놀라는 반응이다.

다음 날, 어제와 같은 곳에서 연주를 시작했다. 그런데 이번에는 세팅을 하자마자 경찰이 와서 연주를 제재했다.

"이곳에서 연주할 수 없습니다. 시청에서 정식으로 등록해야만 가능합니다."

"시청은 어디에 있죠?"

그들은 주소를 알려주었고, 한 번 더 하다가 걸리면 다 뺏는다는 시늉을 하며 겁을 주었다. 이런 상황은 이제 익숙하다. 허가증을 발급받는 건 까다롭고 쉽지 않지만, 일단 할 수 있는 데까지는 해야 한다. 어제 아무런 제재를 하지 않았던 경찰은 아마도 치안 담당이었던 모양이다. 그들이 알려준 시청의 위치를 지도에서 확인했다. 버스를 타도 되지만 구경도 할 겸 걸어가기로 했다. 하지만 구경거리라곤 단 하나도 없었다. 시청까지는 약 30분이 걸렸다. 시청에 도착해서 가장 먼저 보이는 직원에게 영어로 얘기했다. 하지만 영어를 알아듣지 못한다. 결국 스페인어로 더듬더듬 이야기했다.

"뮤지카 페르미소, 뮤지카 페르미소. 스트릿, 스트릿."

페르미소는 허가증이란 뜻이다. 단어를 대충 조합하고, 보디랭귀지를 더해 거리에서 음악할 수 있는 허가증을 받고 싶다고 말했다. 다행히 내 말을 알아들은 그들은 이곳이 아니라 옆 건물로 가라고 일러준다. 옆 건물로 갔다. 똑같이 그 건물 입구에 서 있는 경찰에게 물었다. 이 경찰은 어디론가 전화하더니 잠시만 기다리라고 한다. 그렇게 10분이 지났다. 답답한 마음에 보디랭귀지를 동원하여 다시 한 번 더 크게 이야기했다. 그제서야 "아!" 하며 옆 직원과 한바탕 웃더니 들어가라고 한다. 언어가 안 되니 이런 상황일수록 답답하기 그지없다. 이곳은 경찰서로 보인다. 2층으로 올라가 영어가 가능한 직원에게 길거리 연주 허가증을 받으러 왔다고 하자, 또 이 건물이 아니라 다른 곳이라고 한다. 머리 위로 김이 나기 시작한다.

"분명히 거리에서 만난 경찰이 여기라고 했단 말이에요!"

"원래는 이곳이 맞았는데, 얼마 전에 바뀌었습니다."

그리고는 새로운 주소를 알려주었는데, 알고 보니 연주했던 곳에서 아주 가까운 곳이었다. 구경거리 하나 없는 지루한 그 길을 다시 걸어갈 생각하니 벌써부터 지친다. 다행히 경찰이 버스로 가는 방법을 알려주었다. 흥분을 가라앉히고 버스에 올랐다. 드디어 허가증을 받을 수 있는 사무실에 도착했다.

"길거리 연주 허가증을 받으러 왔습니다."

"죄송하지만 내년 2월까지 발급할 수 없습니다. 이미 연주자들이 꽉 찼어요."

"네? 저, 딱 일주일만 허락해주면 안 될까요?"

"안 됩니다. 제 권한이 아닙니다."

그녀는 벽에 붙은 공문을 가리키며 단호하게 말했다. 이곳에서 연주는 못하는 걸까. 돌아가는 길이 막막하다. 다른 뮤지션들은 허가증을 받고 연주하는지 확인해야겠다. 페르난데스 거리로 돌아가니 젊은 친구들이 연주를 하고 있다. 그들에게 물었다.

"혹시 허가증을 가지고 있나요?"

"아뇨, 없어도 상관없어요. 경찰이 물으면 그냥 없다고 하고 짐 싸서 잠시 다른 곳에 갔다가 다시 와서 하면 돼요. 여태까지 그렇게 계속 했는걸요? 별 문제 없어요."

"근데 경찰들이 다시 하다 걸리면 모조리 뺏는다고 했단 말이에요."

"하하, 그럴 리 없어요. 그냥 하세요."

그들의 말은 무책임하게 들렸지만, 이곳에서 오래 연주해왔다는 걸 보니 용기가 생겼다. 그들의 말을 믿고 장소를 물색하는데 갑자기 길거리 상인들이 짐을 챙기더니 재빨리 도망간다. 멀지 않은 곳에서 경찰들이 걸어오고 있는 것이다. 그런데 "삑! 삑!" 호루라기를 불며 범죄자를 잡으려는 듯 급하게 오는 것이 아니라, 세월아 네월아 하며 쉬엄쉬엄 걸어온다. 아까 그 버스커들이 한 말이 이해되었다. 경찰들도 다 알면서 그냥 눈을 감아주는가 보다. 힘을 얻어 연주를 시작했다. 다행히 두 시간 동안 경찰은 오지 않았다.

웃음에 담긴 의미

페이스북을 확인하니 내가 태그된 어떤 동영상이 업로드되어 있었다. 그리고 메시지가 도착해 있었다.

- 오늘 앨범을 구입했던 카무엘이라고 합니다. 기억나세요?
- 아, 네. 기억납니다. 동영상 감사해요.
- 별말씀을요. 내일 저녁 식사에 초대하고 싶은데, 혹시 시간 괜찮으신가요?

약속 당일, 만나기로 한 장소에 가서 그의 얼굴을 보니 기억이 났다. 우리는 택시를 타고 그의 집으로 향했다. 카무엘의 집은 내가 머물고 있는 곳에서 멀지 않았다.

"초대에 응해줘서 고마워요. 당신이 연주하는 것을 보면서 궁금한 게 생겼어요. 그걸 묻고 싶어 당신을 초대한 거예요. 당신에게서 특별함을 느꼈어요. 대체 연주하면서 어떻게 그런 환한 웃음을 지을 수 있는 거죠? 무엇이 당신을 그렇게 만든 겁니까?"

그는 영어가 매우 유창했다. 사뭇 진지한 그의 질문에 어렵지만 영어로 답했다.

"새로운 곡을 연습하고, 거리로 나가 그 곡을 연주하다 보면 점점 나의 태도가 달라지는 걸 느껴요. 연주 초반에는 이런저런 생각을 합니다. '다음엔 어떤 코드지? 그 다음은?' 이런 생각을 하다 보면 연주에 집중할 수 없고 감정도 실리지 않죠. 그렇게 몇 번 더 연주하면 악보가 외워져서 굳이 생각하지 않아도 손가락이 자연스레 움직이고 감정을 실어 연주할 수 있게 돼요. 이때는 참 행복합니다. 가끔은 황홀하기까지 하죠. 하지만 그 감정이라는 것이 연주할 때마다 매번 느껴지지는 않습니다. 매일 몇 시간씩, 몇 달을 연주하다 보면 무뎌지게 마련이죠. 그렇다고 관객들에게 그 무뎌진 마음을 줄 순 없잖아요? 그럼 연기를 시작합니다. 그럴 때마다 내가 음악가인지 연기자인지 헷갈려요. 심지어 고통스럽기까지 해요. 내가 뭘 하고 있는 건가 화가 날 때도 있었어요. 하지만 시간이 점점 흐르면서 변화가 일어났습니다. 어느 순간 내 자신과 음악이 관객의 시선으로 보이고, 들리기 시작했어요. 눈을 감으면 나 자신 또한 관객이 되는 거죠. 마치 하늘을 나는 기분이에요. 많은 사람들의 시선이 느껴져도 마음은 평안해요. 아무 생각도 안 나게 됩니다. 그리고 생각해요. 내 음악이 사람들에게 작은 기쁨과 위로가 되었으면 좋겠다고 말이에요."

내 대답을 듣고 카무엘은 조용히 고개를 끄덕였다. 나의 웃음에 담긴 의미를 알아준 것일까. 그때 마침 그의 부모님이 왔고, 다함께 식탁에 둘러앉았다. 카무엘의 아버지는 목사님이다. 그의 부모님에게 나의 여행 이야기를 들려주었고, 카무엘이 중간에서 통역해주었다. 곧이어 카무엘의 어머니가 코스타리카의 전통음식인 타말Tamal을 준비해주었다.

"혹시 산호세에 잘 아는 레스토랑이나 카페 있나요? 다양한 곳에서 연주를 하고 싶어서요."

나의 질문에 카무엘과 그의 아버지는 몇 마디 이야기를 나누더니,

"조시, 혹시 많은 사람들 앞에서 연주해본 적 있어요?"

"예전에 한 번 해본 적 있어요. 몇 명이나 되는데요?"

"5, 600명 정도 될 것 같아요."

"정말요? 무슨 일이죠?"

"내일 우리 교회에 큰 모임이 있는데, 오프닝 연주를 부탁할 수 있을까요?"

"저야 이런 기회를 주신다는 것에 감사하죠!"

"근데 아직 확실하지는 않아요. 일단 물어보고 내일 아침에 연락할게요."

이야기를 마치고 카무엘의 아버지가 숙소까지 차로 바래다주었다. 아무리 이곳이 중미의 다른 나라들보다 발전했다 해도 저녁 늦게 혼자 움직이는 것은 상당히 위험하다. 현지인인 카무엘도 강도를 몇 번이나 당했다고 한다.

다음 날 아침, 연주를 할 수 있다는 메시지를 받고 저녁 7시 카무엘과 함께 교회를 찾았다. 교회는 제대로 된 음향시설을 갖추고 있었고 인테리어도 현대적이며 규모도 상당히 컸다. 조금 일찍 도착한 우리는 세팅을 하기 위해 먼저 기타와 앰프를 설치했다.

예배가 시작되고, 한 시간 정도의 찬양이 끝난 뒤 카무엘의 아버지가 단상으로 올라갔다. 카무엘은 나를 데리고 무대 근처로 가며,

아버지의 이야기가 끝나면 연주를 하면 된다고 했다. 카무엘의 아버지는 내 이름과 '코레아노Coreano(한국인)'라는 단어로 나를 소개했다. 나는 다시 한 번 튜닝을 확인했다. 인사가 끝나자 수많은 사람들이 내게 박수를 보내주었다.

눈을 감고 연주를 시작했다. 많은 사람들 앞이지만 웬일인지 떨리지 않았다. 그저 이곳이 평소보다 조금 더 조용한 길거리 같았다. 크리스마스에 맞춰 미리 연습해둔 캐롤 두 곡을 연주하자 사람들은 박수를 치며 함께 노래를 불렀다. 몇 곡을 더 연주한 후 단상 아래로 내려왔다. 그제야 심장이 두근대기 시작했다.

카무엘과 함께한 하루

다음 날, 연주를 위해 거리로 나갔다. 무슨 날인지 평소보다 경찰이 많아 보였다. 세팅을 하자마자 경찰에게 걸려, 사람들이 좀 덜한 거리의 끝 쪽으로 자리를 옮겼다. 자리를 옮긴 곳은 보통 숙소로 돌아가기 전 마지막으로 연주하는 장소이다. 같은 장소임에도 불구하고 분위기가 평소와 다르다. 태양의 위치가 좋지 않다. 뜨거운 햇빛 때문에 사람들도 모이지 않고 연주하는 것이 너무 힘들다. 30분 정도 연주한 끝에 결국 다른 장소를 찾아보기로 했다. 그때 갑자기 카무엘이 찾아왔다.

"회사가 이 근처거든. 원래 며칠 전부터 2주간 휴가인데, 오늘 잠깐 나와 달라고 해서 지금 마치고 가는 길이었어."

그는 경찰이 오면 직접 이야기해주겠다며 오늘 나와 동행하기로 했다. 든든한 후원자가 생겼다. 용기를 얻어 사람들이 많은 시내로 나가보기로 했다. 하지만 세팅을 하기도 전에 경찰이 찾아왔다. 카무엘이 내 대신 경찰과 이야기를 나누었다.

"이 거리 말고 두 블록 옆으로 가면 다른 공원과 걸어 다닐 수 있는 길이 있는데, 아마 거기는 될 것 같다고 하네."

경찰이 알려준 곳으로 가 자리를 잡고 연주했지만 다들 쳐다보기만 할 뿐 동전을 넣어주는 사람은 극히 드물었다. 마음 같아서는 그만하고 싶었지만 일부러 동행해준 카무엘을 생각해서라도 그럴 수 없었다.

30분 정도 연주했을 때 치안 담당인 듯한 경찰 두 명이 왔다. 곧이어 시청 경찰까지 왔다. 진퇴양난의 상황이다. 카무엘에게 눈치를 주었다.

'나 어떻게 해야 돼?'

'눈치 보지 말고 그냥 해.'

차라리 연주를 제재하면 마음이라도 편할 텐데, 네 명의 경찰은 내 앞뒤로 서서 계속 나를 주시하기만 했다. 20분 후 그 시선을 더는 버틸 수 없어 연주를 멈추었다. 카무엘과 나는 커피를 마시며 잠시 쉬는 시간을 가졌다.

"카무엘, 안 지겨워? 벌써 몇 번째 똑같은 음악을 듣는 거야?"

"괜찮아. 네 음악은 언제 들어도 좋아."

연주를 마친 후 숙소 근처에 있는 링컨 플라자Lincon Plaza에 가서 저녁을 함께 먹기로 했다. 사실 가는 내내 겁이 났다. 그곳의 음식 가격이 만만치 않기 때문이다. 솔직히 얘기할까?

"조시, 아무 말 하지 마. 오늘은 네가 먹고 싶은 걸로 골라! 내가 살게."

내 상황을 알고 먼저 배려해준 그가 정말 고마웠다. 근사한 레스토랑에 들어가 평소에 먹지 못하는 음료와 요리를 주문했다. 그리고 내내 궁금했던 그의 핸드폰 배경화면 속 아이에 대해 물었다. 카무엘은 망설이더니 어렵사리 말문을 열었다. 쉽게 꺼낼 이야기가 아님을 직감했다.

"사실 이 아이는 내 딸이야. 철없던 10대 시절에 교회에서 만난 여자 친구와 사고를 쳤지. 알다시피 나의 아버지는 목사잖아? 교회 안에서 우리 집은 많은 분들에게 모범이 되는 화목한 가정이었어. 내가 우리 아버지 얼굴에 먹칠을 한 거지. 이 일로 교회에서 회의를 열 정도였어. 결국 나와 여자 친구는 교회를 떠나야만 했어. 물론 아버지와 나의 관계도 무너졌지. 나의 철없던 행동이 많은 이들에게 갈등과 피해를 준 거야. 2년 정도가 지나 여자 친구와 헤어진 나는 다시 아버지의 교회로 돌아갔어. 나를 다시 받아준 모두의 앞에서 그간의 생활과 그때의 잘못들을 고백했어. 눈물이 나더군. 그리고는 모든 것이 변했어. 아버지와의 관계도, 모든 이들과의 관계도 말이야. 예전보다 더욱 깊어졌지."

그저 고개를 끄덕일 수밖에 없었다. 얼마나 힘들었을까. 한순간에 모든 관계를 잃고 사랑하는 여자 친구와도 헤어진 것이다. 내게 어려운 이야기를 해준 카무엘에게 고마울 뿐이었다.

동전 바구니를 흔드는 사람들

유럽에서 버스킹을 할 때 평소보다 벌이가 괜찮았던 적이 몇 번인가 있었다. 그때 이런 생각을 했다. '한 시간 동안 이 정도 벌었으니, 두 시간 하면 두 배, 세 시간 하면 세 배 벌겠지?' 하지만 나의 욕심일 뿐 그런 일은 일어나지 않았다.

산호세에서의 버스킹은 그 욕심을 현실로 만들어주었다. 이틀간 하루 한 번 연주로 70달러 가까운 돈을 번 것이다. 그것도 두 시간 안에 말이다. 돈을 많이 번 날은 숙소로 돌아와 가장 먼저 하는 것이 책상에 돈을 풀어놓고 계수하는 일이었다. 풍족히 채워진 돈을 보며 흐뭇해했다. 여행하면서 따로 버스킹에 대한 수입을 적지 않았는데, 산호세에서는 계속 기록을 했다. 내가 얼마나 벌었는지 스스로 대견함을 느끼고 싶었던 것이다. 수입을 수치화해서 그것을 훈장처럼 달고 싶었던 것이다.

비가 와서 연주를 못해 빈손으로 숙소에 돌아온 날, 찾을 수 있었던 보물을 미처 찾지 못하고 온 것처럼 내 마음은 아쉬움으로 가득했다. 계속해서 큰돈을 벌고 싶다는 욕망이 마치 기타 가방 안에 가득한 동전처럼 내 마음에 차버린 것 같다. 적당히 벌었다면 이런 감정도 들지 않았을 텐데. 내가 예민한 걸까? 지금은 그저 최선을 다해 연주하면 되는 걸까? 잘 모르겠다.

주어진 상황 속에서 최선을 다하지만, 여전히 돈은 나를 들었다 놓았다 한다. 너무 가난해도 고통스럽고, 너무 풍족해도 마찬가지다. '남들에게 꾸지 않고, 꿔줄 수 있을 만큼 살아라.' 거리에서 살아가다 보면 아버지의 이 말이 자주 생각난다. 남들에게 꾸지 않을 만큼 충분은 하지만 가난한 이들에게는 베풀 수 없는 내 모습에 양심의 가책을 느낀다. 하지만 나는 하루 벌어 하루를 살아가는 거리의 여행자이다. 주지 못할 명분은 충분했다. 오늘도 동전 주머니가 터질 정도로 꽉 찼다. 남은 동전을 바지 주머니에까지 넣었다. 그런데 내 앞에 한 사람이 누워 있다. 불구자의 몸으로 누워서 그저 동전 바구니를 흔들고 있을 뿐이다. 나는 그런 그를 외면했다.

코스타리카에서 많은 사람들의 도움을 받았다. 감사한 마음은 다시 한 번 나를 묵상하게 한다. 반비례 사랑. 나를 도와주는 이는 이렇게 많은데, 나는 왜 거리에서 만난 걸인들에게 동전 하나조차 베풀지 않았을까? 왜 항상 지나고 나서 후회하는 걸까? 그들의 표정, 손짓, 눈빛, 그리고 바구니. 모든 것이 생생히 떠올라 마음 깊숙한 곳을 맴돈다. 지금까지 거리 위에서 연주를 하며 수많은 동전을 만져왔다. 눈앞에 차곡차곡 쌓인 그 동전들은 전부 다 '내 것'이었을까? 내 힘으로 벌었다고 당당히 주장할 수 있을까?

단순히 여행자라는 내 입장을 핑계 삼아, 자신을 합리화시키며 양심의 눈을 질끈 감은 채 여행을 계속했다. 어느덧 여행의 시작일

로부터 600여 일이 다 되어간다. 호주부터 이곳 코스타리카까지. 세
계의 거리 위에서 만난 사람들에게 받은 사랑과 내가 베푼 사랑은 반
비례했다.

나에게는 여행을 지속하기 위해 반드시 해야 할 일들이 있었습니다. 버스킹을 해야 했고, 그렇게 모은 돈을 아껴야만 했습니다. 그렇게 살기 위해 부단히 노력했습니다. 하지만 결심한 대로 산다는 것, 참 어려운 일이더군요. 다양한 욕구를 참아내야 했고, 반복되는 우월감과 열등감 속에서 정체성의 혼란을 해결해야만 했습니다.

스물네 살부터 시작된 여행이라는 '대학'에서 나는 이제 시기로 치면 4학년 마지막 학기를 맞게 되었습니다. 누구나 그렇듯 혼란과 불안의 시기죠. 현재에 충실하며 살아가기로 분명 다짐했건만, 여전히 내 안에는 끊임없이 나를 쫓아다니며 괴롭히는 생각이 있습니다.

'과연 이 여행이 끝나면 나는 어떻게 살아야 할까?'

영화 〈쇼생크 탈출〉을 보셨는지요. 평생을 감옥살이한 한 노인이 드디어 출소를 합니다. 자유가 얼마나 그리웠을까요? 하지만 예상 밖의 결과에 난 충격을 받았습니다. 사회생활을 시도했지만 노인은 끝내 자살을 선택하죠. 그런데 왜 그 장면에서 동질감을 느꼈을까요. 잘 모르겠습니다. 사실 두려워요. 친구들은 훌쩍 성장했는데, 나만 홀로 한국을 떠난 4

년 전 그대로의 모습인 것만 같아요. 알아요. 그렇지 않다는 것을. 그래서 나 자신에게 매일 주문을 외우죠. '인생은 속도가 아니라 방향이야'라고요.

대학을 자퇴한 후, 8년이 지난 지금까지 나는 학교나 회사 등의 어떠한 울타리 없이 살았습니다. 모두 잠시 머물렀던 곳일 뿐, 다시 돌아갈 수 있는 곳은 없습니다. 여행이라는 감옥을 출소해 사회 속 일상을 과연 잘 살아갈 수 있을까요?

정말 두렵습니다. 정말요. 살아가야 한다는 것, 삶의 모든 것 말입니다. 내가 느끼고 깨달은 바를 토대로, 생각하고 결정한 대로 한국에서 살아갈 수 있을까요? 한국이 무섭습니다. 나의 사랑하는 고향임에도 불구하고요. 말 안 통하고, 친구도 없고, 아무것도 모르는 낯선 것이 이제는 가장 익숙한 것이 되어버렸어요. 아마 이해 못할 수도 있겠죠. 미친 소리로 들릴지도 모르겠네요.

정말이지, 열심히 나름대로의 가치를 따라 살아가고 있는 이들이 참으로 부럽습니다. 존경스럽습니다. 600일의 시간은 결코 자랑할 만한 것도, 특별한 날도 아니었습니다. 오히려 겁쟁이가 되었는지도 몰라요. 조금 시간이 지나면 잠잠해지겠죠. 나는 잘 지내고 있습니다. 다시 익숙한 길 위로 연주하러 갑니다.

파나마

Panama

콜롬비아로 넘어가는 길

중미에서 남미로 넘어가는 방법에 대해 두 달 전부터 고민했다. 지도만 보면 차로 쉽게 넘어갈 수 있어 보이지만 중간에 큰 산맥이 있어 불가능하다. 방법에는 총 세 가지가 있다. 첫 번째는 비행기. 하지만 겨우 한 시간 반 거리임에도 불구하고 비행기표 가격이 300달러를 웃돈다. 대형항공사가 모든 소형항공사를 인수하면서 가격이 매우 올랐다고 한다. 두 번째는 럭셔리 요트. 4박 5일 동안 여러 섬을 여행하며 남미로 향하는 코스이다. 가격은 무려 450달러 정도. 물론 숙식 모두 포함이다. 세 번째는 스피드 보트. 소형 보트를 타고 약 2박 3일에 걸쳐 두세 개의 작은 마을을 거치면서 가는 방법이다. 가격은 200달러 안팎으로 가장 저렴하다.

나에게 선택은 단 한 가지, 스피드 보트밖에 없었다. 럭셔리 요트는 말 그대로 영화 〈맘마미아〉에서나 보던 호화스러운 요트인데 반해 스피드 보트는 통통배에 엔진만 덩그러니 달아놓은 형태이다. 이런 보트가 200달러라니, 말도 안 된다.

12월 30일 새벽 5시 30분. 중미의 마지막 나라인 파나마에서 남미의 시작인 콜롬비아로 가는 첫 관문을 앞에 두고 있다. 호스텔 안에는 많은 사람들이 짐을 움켜 안은 채 버스를 기다리고 있다. 하지만 그들은 나처럼 가난한 여행자가 아니라 아름다운 섬에서 새해를 보내기 위해 기대에 가득 차 있는 유럽 관광객들이다. 버스가 도착하자 다들 짐을 싣고 서로 잘 다녀오라는 인사를 건네며 유유히 사라졌다. 20명 가까이 호스텔에서 대기하고 있었지만 이제 남은 인원은 나를 포함해 세 명뿐이다. 나머지 두 명은 나와 같은 길을 가는 걸까?

파나마에서 콜롬비아로 이동하기 위한 나의 계획은 이러했다. 우선 파나마시티에서 지프차를 타고 '카르티Carti'라는 마을로 간 다음, 다섯 시간 정도 스피드 보트를 타고 파나마 출입국관리소가 있는 '푸에르토 오발디아Puerto Obaldia'라는 마을로 간다. 출국 심사를 마친 후 한 시간 반 보트를 타고 콜롬비아 출입국관리소가 있는 '카푸르가나Capurgana'라는 마을로 이동한 후, 또 세 시간 정도 보트를 타고 '투르보Turbo'라는 콜롬비아 마을에 간다. 그곳에서 다시 열 시간 동안 새벽 버스를 타고 나의 목적지인 '메데진Medellín'으로 향한다. 물론 이 모든 일정이 하루 안에 이루어질 수는 없다. 배가 매일 있는 것도 아니어서 운이 나쁘면 한 마을에서 며칠 동안 배를 기다려야 할 수도 있다. 게다가 내가 모든 표를 직접 구입해야 하는데, 말이 잘 안 통하니 걱정이 매우 컸다.

잠시 후, 미리 예약한 지프차 한 대가 호스텔에 도착했다. 그런데 그 지프차는 목적지로 향하지 않고 어떤 건물로 들어갔다. 그곳은 여행사 사무실로, 영어를 구사할 줄 아는 직원이 미리 모여 있던 다른 여행객들에게 여행 상품을 소개하고 있었다. 어리둥절했다. 지 프차가 여행사로 간다는 말은 없었다. 설명이 끝난 후 조심스레 직원에게 물었다.

"저는 섬에 안 가고 보트 타고 바로 콜롬비아로 넘어갈 계획인데, 제가 왜 여기에 와 있는지 모르겠네요."

"걱정 마세요. 저희 여행사엔 스피드 보트 상품도 있습니다."

여행사에서 추천한 상품은 카르티에서 카푸르가나까지 안내인이 동행해주는 상품이었다. 내가 직접 알아봐야 하는 수고를 덜어주고, 책임지고 데려다준다는 것이다. 원래 내가 계획했던 것보다 20달러 정도 더 들었지만, 보험이라고 생각한다면 지불할 만한 가치가 있었다. 135달러를 지불하고, 거기에 카르티로 가는 지프차 42달러. 벌써 177달러나 지출했다.

지프를 탄 지 2시간 30분 만에 카르티에 도착했다. 여행사에서 준 명함을 가지고 나를 목적지까지 데려다줄 네그리토라는 이름의 담당자를 찾았다. 이곳은 인터넷도 안 되고, 심지어 전기도 태양열로 쓰고 있다. 이곳에서 과연 그를 잘 찾을 수 있을까? 걱정이 앞선다. 지프차에서 내리자, 어느 허름한 집 앞에서 현지인 할아버지가 나를 반긴다. 그에게 명함을 보여주니 네그리토는 약 세 시간 후에 올거라며 이 건물의 2층에 짐을 가져다놓으라고 한다. 마을에는 집만 몇 채 있을 뿐, 아무것도 없다. 이곳에서 뭘 하지. 세 시간 후, 네그리토는 세 명의 흑인을 데리고 나타났다. 그리고 그는 이 세 명의 흑인이 나를 카푸르가나까지 데려다줄 거라고 한다. 내일 아침 10시에 출발할 테니 푹 자놓으라고 당부하면서. 이곳의 하루 숙박은 5달러. 밥

값도 5달러이다.

점심을 먹고 2층에 올라가 잠을 청했다. 숙소라기보다는 식당 2층의 옥상이다. 침대도 일반 침대가 아닌 해먹이다. 휴양지에서는 낭만적으로 보이던 그것이 지금은 왜 이리 초라하게 느껴지는지. 무려 여섯 시간이나 자버렸다. 이건 필시 잠이 아니라 다른 종류의 기절임이 분명하다. 깜깜해진 하늘, 들리는 건 파도소리뿐. 이제 새해가 다가오는데, 아무도 없는 이 외딴 섬마을에서 홀로 지내는구나. 제발 무사히 도착하기만 바랄 뿐이다.

파나마

지옥으로 가는 보트

오전 8시. 네그리토가 말한 일행들이 일찌감치 찾아오는 바람에 예상보다 두 시간 빨리 출발하게 되었다. 네그리토는 그 일행의 책임자인 자말Jamal를 소개해주었다. 모든 짐은 커다란 검은 봉투에 꽁꽁 쌌다. 비가 올 수도 있고, 파도에 물이 튀기 때문이다. 작은 스피드 보트는 드디어 콜롬비아를 향해 출발했다. 중간중간 작은 섬에 들를 때마다 무게 중심을 맞추기 위해 모래를 배 앞쪽으로 실었다. 앞쪽이 너무 가벼워 보트가 자꾸 뒤로 쏠리기 때문이었다. 잠깐 들른 그 작은 섬들에서는 사람들이 따뜻한 햇살 아래에서 일광욕을 즐기고 있었다. 부러운 것도 잠시, 보트는 다시 출발했다.

시속은 대략 40, 50킬로미터쯤 되는 것 같다. 파도를 만나 부딪칠 때면 그 충격이 뼛속까지 파고든다. 방심하고 몸에 힘을 주지 않고 있다가 갑자기 그 충격을 받으면 매우 아프다. 이런 고통을 감수하면서 여섯 시간을 버틸 수 있을까. 그래도 주변의 신기한 풍경이 그 고통을 잠시나마 잊게 해주었다. 영화에 나올 법한 주위의 풍경은 새로운 여행 투어를 하는 기분을 선사한다. 저 멀리 보이는 육지는 낮은 산들로 이루어져 있고, 안개가 자욱한 것이 공룡 한 마리가 튀

어나와도 놀라지 않을 것 같다. 마치 영화 〈쥐라기 파크〉를 보는 듯
하다.

처음에는 그저 신이 났다. 흥얼흥얼 노래를 부르며 주변 경치
를 감상했다. 머릿속에는 그간의 고민들을 떠올리며. 세 시간 정도 지
났을 무렵, 생각해보니 거울이 없어 선크림 바르는 것을 잊었다는 사
실이 떠올랐다. 바람도 시원하고 파도에 튀는 물을 맞고 있자니 얼굴
이 타고 있음을 전혀 깨닫지 못했다. 하지만 짐은 이미 검은 봉투 안
에 꽁꽁 싸두었고, 시시각각 부딪치는 파도 속에서 선크림을 바를 여
유는 없었다. 네 시간째, 파도가 점점 변하고 있다. 섬이 나타나면 파
도가 심하지 않기 때문에 그때를 이용해 짬짬이 눈을 붙였다. 다섯 시
간쯤 지나자 이젠 고문을 당하는 것 같다. 여행 때려치울까. 그런 고
통의 순간들을 지나 출발로부터 일곱 시간 후 파나마의 출입국관리
소가 있는 푸에르토 오발디아에 도착했다.

도착하자마자 총을 든 경찰이 오더니 길을 안내했고, 자말 일
행은 나를 기다렸다. 경찰들은 내 짐을 샅샅이 확인했다. 산호세에서
받은 샘플 안약 20개 정도를 보더니 의심을 한다. 나는 직접 눈에 넣
어 확인시켜주었다. 옷 사이사이까지 꼼꼼히 체크한 후 15분 만에 입
국심사대로 향할 수 있었다. 파나마 운하에서는 총기나 마약 등의 거
래가 빈번하게 이루어지기 때문에 이렇게 꼼꼼하게 검사한다고 한다.
경찰의 안내에 따라 입국심사대에 도착했다. 도착하니 오후 4시 30
분. 하지만 30분 전 입국장이 닫혔다고 한다. 하루 만에 콜롬비아로
넘어갔다면 좋았겠지만, 이것으로 만족해야지.

자말 일행은 내게 숙소를 가르쳐주고는 내일 아침 8시에 다시

입국심사장 앞에서 만나자고 했다. 숙소 값으로 또 10달러를 지출했다. 파나마시티의 호스텔을 떠날 때만 해도 나 같은 루트로 오는 사람은 없을 줄 알았는데, 이곳에 도착하고 보니 모두 나와 비슷한 것 같다.

숙소에 들어와 드디어 샤워를 할 수 있었다. 시설이라고는 대야와 바가지뿐. 오랜만에 아날로그 방식으로 샤워를 했다. 일곱 시간 동안 절은 소금기를 빡빡 닦아내기 시작했다. 평소에는 느낄 수 없었던 통증이 여기저기에서 느껴진다. 여덟 시간 만에 거울을 보았다. 영화 〈나 홀로 집에〉에서 맥컬리 컬킨이 아버지의 스킨을 바른 후 양손으로 볼을 잡으며 괴성을 지르는 장면. 내가 바로 그 장면을 연출하고야 말았다. 선글라스를 제외한 얼굴의 모든 부분이 새빨갛게 익었다. 아무리 보아도, 이건 너무 심하다.

결국은 사기

12월 31일, 연말 저녁이지만 아무 계획도 없다. 다들 축제 분위기에 들떠 있지만 벌겋게 달아오른 얼굴에 나는 아무런 조치도 취하지 못했다. 어울려 놀 힘조차 없다. 바다에 가라앉은 병처럼 침대에 가라앉아 있었다.

다음 날 오전 8시, 출입국심사장 앞. 문은 열려 있지 않다. 스탬프를 받지 못한 같은 처지의 여행자들이 하나둘씩 모여드는데 하나같이 걱정하는 눈치들이다. 그때 누군가 입을 열었다.

"주민한테 들었는데, 오늘이 31일이라 열지 않을 수도 있대."

각 나라의 언어들로 욕이 마구 쏟아져 나왔다. 내 입도 진정할 수 없었다. 욕을 하면서도 사람들은 혹시나 하는 마음에 그 자리를 뜨지 않았다. 그런데 8시에 만나기로 한 흑인들이 오질 않는다. 분명 8시에 만나기로 했는데, 한 시간이 지나도록 나타나지 않는다. 여행자들에게 내 상황을 얘기해보았다.

"아마 어제 연말이라 술을 진탕 마셨을 거야. 몇 시간 후에나 나타나겠지."

그럴 수도 있겠다는 생각이 들었다. 한 시간 뒤, 출입국심사장 직원이 지나간다. 여행자 중 한 명이 급히 뛰어가더니 그녀와 이야기를 나눈다. 다시 돌아와 오늘 스탬프를 받을 수 있다는 기쁜 소식을 모두에게 전해주는 순간, 모두의 입에서 환호가 터져 나왔다. 11시가 되어 드디어 출입국심사장의 문이 열렸고, 출국 도장을 받을 수 있었다. 그리고 콜롬비아 카푸르가나로 가는 배를 구하기 위해 다들 분주히 움직였다. 나는 12시까지 자말 일행을 기다렸지만 결국 나타나지 않았다. 점점 화가 나기 시작했다. 어제 보트를 내린 곳으로 가보니 보트는 그 자리에 있었다. 심사장에서 만난 캐나다 친구 라미엘이 오늘은 그만 포기하라고 한다. 하지만 나는 그들은 반드시 나타날 거라고 확신에 찬 목소리로 얘기했다. 사람들은 한두 명씩 떠나기 시작했다. 점점 초조해졌다. 마을이 작아서 분명 숙소를 뒤지면 그들을 찾을 수 있을 것이다.

점심을 먹은 후 그들을 찾아 나섰다. 서너 곳의 숙소를 뒤져보았지만 흑인 세 명을 본 사람은 아무도 없었다. 어떻게 된 일이지? 보트를 두고 떠난 것일까? 결국 오후 3시쯤 되자 포기할 수밖에 없었다. 중간에 몇 번이고 보트 정박장에 가보았지만 내가 타고 온 보트는 여전히 그 자리에 있었다. 화가 머리끝까지 났다. 이게 지금 무슨 상황이지? 사기당한 걸까?

여행사를 통해 예약한 것이라 안심했는데, 너무 쉽게 믿은 모양이다. 무엇보다 오늘은 새해 첫날이다. 더욱 화가 났다. 모두가 행복할 이 소중한 시간에, 이곳에 고립되어 돈과 시간을 낭비했다. 거울로 검게 타버린 얼굴을 볼 때마다 그 분노는 더욱 들끓었다. 오랫동안 여행하면서 이런저런 상황에 처해보았지만 이렇게 분노한 적은 처음이다.

짐을 챙겨 어제 묵었던 호스텔로 돌아갔다. 진정하고 일단 잠을 청했다. 몇 시간이 지났는지도 모르겠다. 기분이 조금 나아진 것 같다. 혹시나 싶어 다시 정박지에 갔지만 파도소리만 들릴 뿐 보트는 그대로 있다. 내일은 꼭 갈 수 있겠지.

다음 날 아침, 배를 알아보러 나간 라미엘은 배를 구했고, 이 곳에서의 유일한 친구였던 그는 그렇게 떠났다. 다시 입국심사장으로 갔다. 혹시나 자말 일행이 오지 않을까 하는 마음으로. 한 시간 정도 기다렸지만 역시나 오지 않았다. 결정을 내려야 했다. 나는 사기를 당한 것이고, 빨리 배를 구해서 이곳을 떠나야 한다.

배를 찾아 나섰다. 이곳을 떠나야겠다는 일념 하나로, 말도 통하지 않는 이 낯선 동네에서 "카푸르가나!"를 외치며 이곳저곳을 돌아다녔다. 다행히 주민들의 도움으로 배를 구할 수 있었다. 이틀치 숙박비와 식비, 새로 추가된 선박비를 포함하여 추가로 65달러를 지출했다.

배를 타고 가는 길. 그 마을을 탈출하는 길. 그것은 내 마음의 분노로부터 빠져나오는 길이었다. 추가로 지출된 경비는 사실 산호세에서 하루면 거뜬히 벌 수 있는 돈이었다. 돈이라는 것은 정말 내 마음을 들었다 놓았다 한다. 카푸르가나를 지나 다음 날 투르보에 도착해 인터넷에 연결하니 많은 사람들의 새해 메시지가 와 있다. 그제야 새해라는 게 실감 난다. 새벽 버스로 열 시간을 달린 뒤 드디어 메데진에 도착했다.

콜롬비아

Colombia

당황스러운 사람들

호스텔 체크인을 마친 후 오후 2시 기타를 들고 길을 나섰다. 버스를 타고 지하철로 환승했다. 샌프란시스코 이후로 처음 타는 지하철, 아니 정확히 말하자면 지상철이다. 창밖으로 보이는 산등성이에 지어진 황토색 집과 아파트가 이색적이다. 서울의 산동네 같기도 하다.

산 안토니오San Antonio 역에 도착했다. 사람이 많고 복잡하다. 인도로 접어들자 재래시장 분위기가 느껴진다. 상가들이 있긴 하지만 판매하는 물품들은 약간 질이 떨어져 보인다. 길 위에는 젊은이들보다는 나이가 지긋한 어르신들의 모습만 보인다. 조금 더 걸어가자 보테로 공원Parque Botero이 나왔다. 이곳은 라틴 미술을 세계적으로 알린 이 시대의 살아 있는 거장 '페르난도 보테로Fernando Botero'를 기념하는 공원이다. 그는 이곳 메데진에서 태어났다. 그의 작품들의 특징인 뚱뚱한 사람 조각들이 곳곳에 전시되어 있었다. 잠시 앉아 사람들을 지켜보았다. 관광객과 현지인이 잘 구분되지 않는다. 작은 리어카를 움직이며 다양한 먹을거리를 파는 상인들도 눈에 띄었다. 이곳에도 역시나 경찰이 많다. 경찰이 있다는 것은 관광객 입장에서는 좋은 일이지만, 안타깝게도 나에게는 그렇지 않다. 이곳에서의 연주는 포기해야 할 것 같다. 경찰이 너무 많다.

다른 장소를 찾다가 조금 넓은 길을 발견했다. 주변을 살핀 후 연주를 시작했다. 사람들이 하나둘씩 모여들었다. 연주한 지 20분이 지났지만 돈을 주기는커녕 곡이 끝나도 박수조차 쳐주지 않는다. 그냥 멀뚱멀뚱 지켜보기만 할 뿐이다. 한 시간 정도 지났을까, 경찰이 다가왔다. 이곳에서는 통행에 방해가 되니 저쪽 공원에 가서 연주하라는 것이다. 아까 경찰이 많아서 오히려 피했던 공원이었는데, 참으로 반가운 소식이 아닐 수 없다. 공원에 가서 다시 연주를 시작했지만 사람들이 모이기만 할 뿐 돈을 주는 분위기는 만들어지지 않았다.

왼쪽 발에 있던 탬버린을 오른쪽 발에 끼우려다 그만 손이 끼면서 피가 흐르기 시작했다. 생각보다 깊숙이 파인 손가락에서는 피가 멈추지 않았다. 사람들에게 피가 흐르는 손가락을 보여주며 오늘의 연주는 끝났다는 시늉을 해보아도 사람들은 여전히 내 앞에 멀뚱멀뚱 서 있다. 그때 어떤 아주머니가 내게로 다가왔다.

"무슨 일이에요?"

"탬버린을 바꾸려다가 손을 베였어요."

"저런, 잠시만 기다려요. 내가 밴드를 사다줄게요."

사람들은 동물원의 원숭이를 보듯 나를 쳐다보고 있다. 분위기를 보아하니 내 연주를 기다리고 있는 듯했다. 손가락에서는 여전히 피가 흐르고 있었지만 연주를 다시 시작했다. 한 곡이 끝나자 아까 그 아주머니가 반창고 세 개를 가지고 왔다. 감사하다고 인사를 하자 돌연 앨범 가격을 묻더니 한 장을 구입해주었다. 마음 같아선 그냥 선물하고 싶었지만 아무래도 오늘 수입이 너무 적어 그럴 수 없었다.

다시 연주를 시작하는데 이번에는 튜닝기까지 부러졌다. 튜닝을 다시 하는 데 시간이 좀 걸렸지만 사람들은 여전히 자리를 지키고 있었다. 관심이 있는 건지 없는 건지, 무슨 생각을 하는지 도무지 모르겠다. 연주가 끝났는데도 아무도 반응이 없다. 용기 내어 처음으로 멘트를 했다.

"연주가 끝났어요. 듣기 좋았다면 팁 좀 주세요. 제 앨범도 판매하고 있으니 구경하세요!"

스페인어 몇 단어를 조합하여 더듬더듬 이야기했다. 그러자 이상하게 사람들이 더 모여든다. 30명 정도 되는 것 같다. 끝났으니 가라고 손짓을 해도 가지 않고, 동전을 줍는데도 계속 뒤에서 쳐다만 보고 있으니 민망해죽겠다. 박수라도 좀 쳐주던지.

아름다운 비행

내 생애 첫 패러글라이딩을 위해 3일간 열심히 돈을 모았다. 그리고 여기에 몇 가지 의미를 스스로 부여했다. 여행 중 내 의지로 돈을 주고 하는 첫 번째 투어이며, 내 생애 최초의 패러글라이딩이며, 새해에 있었던 일에 대한 스스로의 보상이기도 했다. 가격은 한화로 약 5만 5천 원 정도, 시간은 30분이다. 돈을 지불한 그날 밤 설렌 맘으로 잠이 들었다.

다음 날, 오전 10시가 되자 투어 차량이 픽업하러 왔다. 한 시간 정도 차를 타고 도착한 곳은 시야가 탁 트인 높은 언덕이었다. 높은 곳이지만 바람이 많이 불지 않아 걱정했다. 바람이 적으면 하늘에 있을 수 있는 시간이 짧아지기 때문이다. 저 멀리 메데진이 보인다. 온통 갈색의 건물들은 녹색의 산과 어우러져 멋진 광경을 선사했다. 메데진은 도시의 약 1/3이 산 위에 지어졌다. 한국에서 볼 수 없는 입체적인 도시가 무척 인상 깊었다.

바람이 조금씩 강해진다. 하늘을 날지 않고 서 있는 것만으로도 기분이 상쾌하다. 잠시 후 장비를 세팅하던 매니저가 세팅을 마쳤다며 장비를 착용하라고 한다. 잠시 후면 드디어 하늘을 날게 된다.

"바람이 적당해지면 카운트를 할 테니 앞으로 곧장 뛰면 됩니다. 언제가 될지 모르니 계속 긴장하고 있어요!"

매니저는 바람을 조금 더 기다리자고 한다. 풍향계가 있어 바람의 세기와 방향을 예측할 수 있었다. 매니저가 카운트다운을 시작했다. 신호에 맞춰 앞으로 뛰어나갔다. 그러자 패러글라이딩의 날개가 펴져 쉽게 앞으로 나갈 수 없었다. 매니저는 좀 더 세게 뛰라고 말했고, 몇 걸음 더 힘차게 발길질을 하는 순간 몸이 하늘로 붕 떠올랐다. 갑자기 중력이 사라진 것 같다. 또 다른 세계가 펼쳐졌다. 입에서는 계속 "우와!"만 반복하고 있었다.

하늘 위의 세계는 생각보다 고요하다. 바람이 불어올 때 말고는 어떤 소리도 들리지 않았다. 아, 이것이 바로 새가 듣는 소리이고 새가 보는 풍경이구나. 뒤에 앉아 있는 매니저는 바람의 세기에 맞춰 상하좌우로 컨트롤했다. 의외로 앉아 있는 의자는 안정적이었다. 매니저는 내게 기분이 어떠냐고 물으며 계속 내 상태를 확인했다. 다리 밑에 내가 걷던 세상이 있다. 지금까지와는 완전히 다른 시선으로 보이는 세상이 펼쳐져 있다. 조금 시간이 지나자 흥분이 가라앉고 새로운 세상을 평화로이 관조하게 되었다. 옆으로는 새들이 날아다닌다. 손을 뻗으면 닿을 것 같다.

30분 정도 지나가 멀미가 오기 시작한다. 속이 매스껍고, 머리가 아프다. 그로부터 몇 분 후, 내가 걷던 세계로 돌아왔다. 픽업 차량이 올 때까지 그대로 누워 하늘을 바라보았다.

콜롬비아

향기로 남기 원해요

며칠간 보테로 공원에서 버스킹을 했지만 사람들은 여전히 박수와 돈에 인색하다. 그런데도 계속 나를 지켜보는 건 무슨 이유인지. 달라진 풍경이 있다면 공원에 있는 상인들의 태도이다. 처음에는 낯선 이방인을 경계 가득한 눈으로 쳐다보다가 매일 나오다 보니 사람들이 점점 알아봐 준다. 공짜로 오렌지주스를 주기도 한다. 그들에게서 동질감을 느낀다.

상인들은 내가 연주를 하면 사람들이 모이는 것을 알고, 급하게 내 주변으로 몰려든다. 마치 꽃향기를 맡고 날아오는 꿀벌처럼. "코메스타스(잘 지내)?"밖에 알아들을 수 없지만 그들의 미소는 나를 편안하게 해준다. 사람들은 나의 연주보다 이야기에 더 관심을 갖는 것 같다. 연주를 끝내고 멘트를 시작하려고 하면 내 곁으로 다가와 무슨 말을 하는지 궁금해하며 귀를 기울인다.

"혹시 제 얘기를 통역해줄 사람 있나요?"

나의 이야기를 더욱 잘 전달하기 위해 영어를 스페인어로 통역해줄 사람을 찾았다. 누군가 손을 들었다. 호주에서 온 브라이언이라는 남자였다. 한국 사람이라고 소개하자 주변으로 소녀들이 모여들더니 서투른 한국말로 인사를 건네왔다. 그리고 사진을 찍고 싶다며 내 옆으로 섰다. 아마 한국 드라마로 인해 예전보다 한국이 더 유명해진 것 같다. 연예인도 아닌데 몇 분 동안 많은 사람들과 사진을 찍었다.

콜롬비아에서의 마지막 버스킹 날, 연주를 마치고 모인 사람들과 함께 기념사진을 찍었다. 떠날 채비를 하고 있는데 한 현지인 아저씨가 오더니 자기가 농장을 하나 운영하고 있는데, 오늘 기타를 들고 와줄 수 없겠냐고 묻는다. 말도 태워주고, 잠도 재워주고, 식사도 제공해주고, 물론 연주비도 줄 거라고 한다. 통역을 해주던 브라이언도 난감해하며 웃는다.

"아저씨, 죄송하지만 저는 오늘 떠나야 해요."

아무리 설명해도 막무가내이다.

콜롬비아 사람들은 참 유쾌한 면모가 있다. 박수도 돈에도 인색했지만 결코 밉지 않았다. 그들 특유의 흥과 매력은 중미의 다른 나라 사람들과는 사뭇 달랐다. 잠시 들렀다 가는 나라는 존재를 그들은 어떻게 기억할까?

'아, 그때 그 젊은 한국 청년이 잠깐 버스킹을 한 적이 있었지…'

바람이 있다면 그들에게 나와 나의 음악이 향기로 남았으면 한다. 어떠한 감각보다 가장 오래 기억되는 후각으로 말이다.

콜롬비아

에콰도르
Ecuador

한 시간에 연주비가 얼마예요?

에콰도르의 수도인 키토Quito에 도착했다. 카르셀렌 터미널의 건물은 매우 현대적이었다. 최근에 생겼다는 전기 버스를 타고 시내 중심으로 들어갔다. 뉘엿뉘엿 지는 해를 등진 채 실루엣만을 남긴 오래된 건물들은 양손에 등불을 하나씩 들고 있는 듯 모서리에 노란 빛을 발하고 있었다.

어딜 가나 여행자들에게 인기 많은 호스텔이 하나쯤은 꼭 있는데, 이곳에서는 '수크레Sucre'가 가장 유명하다. 시내의 중심지에 있고, 가격도 싱글룸이 겨우 5달러밖에 하지 않는다. 호스텔에 들어가자마자 나를 맞이한 것은 아르헨티나에서 온 여행자들이었다. 산크리스토발에서 머물렀던 호스텔에서도 아르헨티나 출신의 여행자들을 많이 볼 수 있었다. 그들은 특이하게도 호스텔에서 음식을 만들고, 그 음식을 거리에서 판매하여 생기는 수익으로 여행을 계속해나갔다. 그들에게 동질감을 느끼며 신기해했던 기억이 난다. 이곳 수크레에서 만난 대거의 아르헨티노(아르헨티나 사람)들은 나처럼 거리에서 음악을 연주하거나, 행위예술을 하며 여행을 이어가는 사람들이었다.

다음 날 아침, 창문 사이로 들어오는 햇살이 나를 깨웠다. 창문을 열어 밖을 보니 산 프란시스코 광장Plaza San Fransisco에 모인 사람들이 비둘기에게 모이를 주고 있었다. 어마어마한 비둘기 떼가 몰려든다. 멀리서만 보면 상쾌한 아침을 깨우는 아름다운 날갯짓이다. 굳이 가까이서 보고 싶진 않다.

아침을 해결하기 위해 시내로 나갔다. 미리 버스킹을 할 장소도 알아볼 겸, 구글맵에서 확인해둔 인도를 차례차례 둘러보았다. 키토도 멕시코 산크리스토발과 같이 높은 산 위에 만들어진 도시이다. 곳곳에 경사가 가파른 길들이 보인다. 자국 화폐가 없는 에콰도르는 미국 달러가 통용된다. 하지만 물가는 미국보다 훨씬 저렴하다. 고기한 덩어리와 밥, 그리고 약간의 야채들로 이루어진 아침 식사를 겨우 2달러 남짓으로 해결했다. 정오를 넘기자 날씨가 조금씩 흐려진다. 이곳에 몇 주 머무르고 있는 한국 여행자가 말하기를 하루에 한 번은 반드시 비가 내린다고 한다. 그리고 비가 내리는 시간대와 그 강수량은 매일 다르다고 한다. 아무래도 버스킹에 좋지 않은 환경이다. 메데진만큼 북적거리거나 활발하지도 않은 것 같다. 오래된 건물은 쿠바와 비슷한 느낌이다. 차도는 모두 일방통행이며, 인도는 두 사람이 함께 걷기에 비좁을 정도다. 곳곳에서는 전기 버스가 철컹철컹 소리를 내며 달리고 있다.

기타를 가지고 거리로 나갔다. 적당한 장소를 찾았지만 이내 경찰들이 몰려와 연주를 제재했다. 하지만 다행히 허가증 없이 연주할 수 있는 좋은 장소를 알려주었다. 경찰이 알려준 공원에 도착하니 어느 한 남자 주변으로 30명 가까이 되는 사람들이 모여 있었다. 그는 만담꾼 같아 보였다. 나는 반대편 구석으로 가서 세팅을 시작했다. 벤치에는 사람들이 가득 앉아 있었다. 동행한 한국 친구들은 자리를 깔고 앉거나 서서 연주를 들을 준비를 했다. 연주를 시작하자 몇몇의 현지인들이 다가왔다. 다들 이어폰을 빼고 선글라스를 콧등까지 내린 채, 나를 빠끔히 쳐다보았다. 그리고는 바닥에 털썩 앉았다. 30분 정도 연주를 계속했다. 곳곳에서 부랑자들이 모여들더니 박수를 치며 더해달라고 소리쳤다. 돈을 뜻하는 제스처로 엄지와 검지를 비비자 한바탕 웃음바다가 되었다. 사람들이 주는 동전은 겨우 5센트, 10센트, 25센트짜리 동전뿐이었다. 미국과 같은 동전을 쓰지만 주는 금액은 경제와 비례하는 듯하다.

그때 한 아주머니가 연주 중인 내게 큰소리로 말을 걸었다. 스페인어를 알아듣지 못해 난처해하자, 버스킹 중이던 한 남자가 도움이 필요하냐며 말을 걸었다. 빅터라는 이름의 캐나다인이었다.

"파티에서 당신이 연주를 해주었으면 좋겠다고 하네요."

아주머니는 파티 장소가 이곳과 매우 가깝다며 연주가 끝나면 함께 가자고 제안했다. 나는 그저 아주머니들의 단순한 디너파티로만 생각했다. 별 부담 없이 가도 되겠지, 라고 생각하고 빅터와 함께 아주머니를 따라갔다. 도착한 그곳은 상상 밖이었다. 오픈 예정인 최신식 호텔이었던 것이다.

내부는 아직 공사 중이었다. 호텔 매니저 도미닉이 상황을 설명해주었다. 목요일에 호텔의 공식 오픈 행사를 하는데 그때 잔잔한 곡 위주로 연주를 해달라는 것이었다. 잠시 후 음악을 들어보고 싶다며 보스가 직접 찾아왔다. 좁고 높은 3층 구조로 되어 있는 호텔의 2

층으로 올라갔다. 적당한 곳에 앰프를 설치하고 연주를 시작했다. 나에게 이 공연을 제안해준 아주머니는 생각했던 대로 장면이 연출되었는지 흐뭇한 표정을 짓고 있다. 정작 보스는 만족스럽지 않은 표정이다.

"혹시 아는 에콰도르 노래는 없나요?"

"없습니다. 하지만 이곳의 분위기에 걸맞은 좋은 노래들은 준비되어 있습니다."

잔잔하고 부드러운 노래를 몇 곡 더 연주했다. 보스는 다시 말했다.

"연주비로 얼마를 원하나요?"

"20달러를 받고 싶습니다."

"좋습니다."

보스는 승낙했고, 날짜와 시간을 적어주었다. 사실 20달러는 연주비로서는 너무 적지만 호스텔 하루 방값이 5달러이니, 4일치 방값을 번 셈이다. 연주는 이틀 후다.

Cabinas
Telefonicas
COMPU-CENTRO Seven7 Digital
SERVICIO TECNICO COMPUTADORAS & INTERNET
PAPELERI
COPIAS

댐의 호프집

호텔을 나와 빅터는 나를 어디론가 데려갔다. 빅터는 이곳에 반 년간 머물며 친구가 운영하고 있는 호스텔과 맥줏집의 웹사이트를 제작해주고 있었다. 10여 분 후, 작은 맥줏집에 도착했다. 그곳의 주인인 댐과 인사를 나누고, 댐은 양조장을 구경시켜주었다.

"댐, 혹시 내가 여기에서 연주를 할 수 있을까요?"

"그래, 댐. 조시의 노래는 이곳과 잘 어울릴 거야."

빅터가 거들었다. 하지만 댐의 표정은 썩 좋지 않았다.

"댐, 나는 연주비는 필요 없어요. 전 그냥 손님들에게 팁을 받거나 앨범을 판매하는 것만으로도 괜찮아요."

그제야 댐은 기분 좋게 승낙했다.

다음 날 저녁 8시, 댐의 가게에 도착했다. 가게 안에는 상상했던 것과 전혀 다른 분위기가 흐르고 있었다. 어수선하고 난잡했다. 손님들이 조용히 앉아 술을 마시는 장면을 상상했는데, 한쪽에선 책상을 붙여서 탁구를 치고 있고, 다른 한쪽에선 왁자지껄 떠들고 있다. 이런 분위기 속에서 어떻게 연주를 한단 말인가? 몹시 당황스러웠다. 심지어 탁구를 치고 있는 무리의 권유에 얼떨결에 게임까지 참

여하게 되었다. 탁구를 친 지 15분, 이대로 탁구만 치다가 돌아갈 순 없다. 댐에게 연주를 시작하고 싶다고 말했다.

세팅을 시작하자 고맙게도 탁구를 치던 친구들은 자리에 앉아 정숙해주었다. 약 열 명의 사람들이 음악을 기다리고 있었다. 과감히 입을 열어 내 소개를 했고, 그들은 내 목소리에 귀 기울여주었다. 한 곡을 마치자, 고요한 정적이 박수소리에 의해 깨졌다. 그제서야 한숨이 나오면서 긴장이 풀렸다. 연주는 계속되었다. 한두 명씩 이야기를 시작하는 것이 보였다. 그 뒤로는 편안하게 연주할 수 있었다. 내 옆에서 신나게 노래를 따라 부르던 미국인 톰에게 탬버린을 건네주자 그는 탬버린으로 함께 연주하며 흥을 돋워주었다.

"톰, 혹시 기타 연주할 수 있어?"

"물론이지. 한번 연주해볼까?"

톰은 기타를 받더니 능숙하게 연주를 시작했다. 바비 맥퍼린 Bobby Mcferrin의 「Don't worry, Be happy」를 시작하자 술집에 있던 모든 사람들이 함께 노래를 부르기 시작했다.

Here's a little song I wrote

여기 내가 쓴 노래가 한 곡 있어

You might want to sing it

당신은 노래 가락 하나하나

note for note

부르고 싶어 할지도 몰라

Don't worry, be happy

걱정하지 마, 기쁘게 살아야지

후렴구가 나오자 모두가 기다렸다는 듯이 "Don't worry, Be happy"를 외쳤다. 연주가 끝났다. 친구들과 사진을 찍고 이야기를 나누었다. 연주하는 내내 나를 흥미롭게 바라보던 호주 친구가 악수를 하는 척하며 손에 돈을 숨겨 건넸다. 무려 20달러였다. 여행 경비에 보태라며 나를 응원하고 싶다고 말했다.

"여행을 오래 했지만, 오늘 같은 경험은 처음 해요. 외국인 앞에서 연주하거나 말하는 것은 항상 두려웠는데, 오늘 당신이 내 닫힌 마음을 열어주었어요. 정말 고맙습니다."

두려움은 선입견에서 비롯된 것일지도 모른다. 결국 그 두려움 또한 내가 선택한 셈이다.

사라진 도미닉

호텔에서 연주하기로 한 날, 약속 시간보다 30분 일찍 호텔에 도착했다. 공사를 마친 호텔 안은 화려한 샹들리에와 고풍스러운 인테리어로 눈부시게 빛나고 있었다.

"정말 아름답군요. 오픈을 축하드립니다."

호텔 매니저 도미닉과 인사를 나누었다. 사무실에 있던 보스가 나를 불러 이름을 묻더니 작성 중이던 문서에 내 이름을 적었다. 오픈 기념사를 낭독할 때 나를 소개할 모양이다. 2층에서 세팅을 마친 후, 호텔을 둘러보았다. 생전 처음 보는 고급 호텔이었다. 구경하는 것만으로도 입이 쩍 벌어졌다. 방 안에 거대한 욕조가 있다. 화장실은 벽이 아닌 투명한 유리로 되어 있고, 거대한 벽걸이 TV가 방마다 설치되어 있다. 하루 숙박비는 얼마일까? 연주비로 20달러를 부른 것이 내심 후회되었다.

7시에 파티가 시작될 예정이었지만 사람들이 충분히 오질 않았다. 30분이 지난 후, 1층에서 시작을 알리는 와인잔 소리가 들렸다. 도미닉은 연주 시작 사인을 주기 위해 2층에서 대기하고 있었다. 낭독이 시작되었고, 긴장한 상태로 사인을 기다렸다. 스페인어로 얘기하니 도무지 알아들을 수가 없다. 그때 보스가 남한이라는 뜻의 '코레아 데 수르Corea de Sur'와 내 이름을 적었던 것이 기억났다. 분명 이 말을 할 것이다. 그런데 2층에서 사인을 주기로 한 도미닉이 급하게 1층으로 내려갔다. 어찌할 줄 모르는 사이, 내 이름이 들렸다.

연주를 해야 하나? 도미닉은 올라오지 않았다. 이건 단순한 파티가 아니라 이 호텔의 첫인상을 결정하는 시간이다. 약 2초간 정적이 흘렀다. 연주를 해야겠다고 느끼고, 짧은 연주를 시작했다. 적절한 타이밍이었나 보다. 박수가 이어졌고, 다시 낭독은 시작되었다. 마지막 순서는 기도 시간이었다. 때마침 도미닉이 올라와 내게 사인을 주었다. 일본 핑거스타일 플레이어인 고타로 오시오의 '황혼'을 한 구절 연주했다. 식은땀이 흘렀다. 리본을 자르는 것을 끝으로 사람들은 직원의 도움을 받아 호텔을 둘러보기 시작했다. 그제야 겨우 긴장이 풀렸고, 사람들이 구경하는 동안 연주를 계속했다.

2층으로 올라온 사람들은 호텔 방에 들어가 설명을 들었다. 내 앞으로 지나가는 사람들과 눈이 마주치면 간단히 눈인사를 하며, 그들에게 방해되지 않도록 최대한 얌전한 노래들로 분위기를 만들어주었다. 한 시간이 지난 후, 연주를 멈추고 도미닉을 찾았다.

"약속한 한 시간이 지났는데, 파티는 계속되고 있네요. 연주는 계속할 수 있지만 돈을 받고 하는 것이기 때문에 연주가 더 필요하다면 그만큼 연주비를 더 받아야 할 것 같습니다. 보스에게 한번 물어봐줄 수 있나요?"

"물론이죠. 당신이 뭘 얘기하는지 압니다. 잠시만 기다려주세요."

이윽고 도미닉이 다시 찾아왔다.

"보스가 이 정도로 충분하다고 하네요. 수고 많았어요! 정말 좋은 연주였습니다."

돌아갈 준비를 마치고 1층으로 내려와 파티에 참석했다. 어느 변호사와 이야기를 나누었는데 차림새와 분위기, 말투에서 그의 인격을 느낄 수 있었다. 여행에 대한 조언은 물론, 음악에 대한 칭찬도 아끼지 않았다. 그에게 구시가지에서 버스킹을 하다가 경찰에게 제재당한 이야기를 했다.

"아쉽네요. 아마 이곳 구시가지에서는 버스킹을 하기 쉽지 않을 거예요. 대신 위쪽에 신시가지가 있는데 그곳으로 가면 좋은 결과가 있을 겁니다. 이곳 구시가지엔 이런 말이 있죠, One dollar is happy(1달러면 행복하다)."

장비를 챙겨 호텔을 나왔다. 겨우 20달러밖에 받지 못했지만 그 값어치 이상의 경험이 되었으리라.

아저씨, 잊지 않겠어요

에콰도르에서의 두 번째 도시 쿠엥카Cuenca. 여행자뿐 아니라 현지인에게도 아름답기로 유명하며, 부자들이 많이 산다고 알려져 있다. 키토에서 밤 10시 30분에 출발한 버스는 다음 날 새벽 6시가 되어 쿠엥카에 도착했다. 예약한 숙소까지 걸어갈 수 있을 만큼 도시는 그다지 크지 않았다. 걸어가는 길은 무척이나 고요했다.

버스에서 잘 잔 탓에 컨디션이 썩 괜찮았다. 체크인을 하고 샤워를 마친 뒤, 일찍부터 시내 구경을 시작했다. 도시 한가운데에는 크고 오래된 성당이 있다. 도시의 크기에 비해 성당의 규모는 굉장했다. 성당 앞으로는 중앙공원이 있는데, 만남의 장소라도 되는지 사람들이 굉장히 많았다. 이곳에는 특별한 관광명소라 할 만한 곳이 없었다. 성당과 공원, 시장 이 세 가지뿐이었다.

이 도시에서 가장 눈에 띄는 것이 있다면 바로 거리 표지판이다. 주소만 알면 누구나 쉽게 찾을 수 있도록 모퉁이마다 길 이름을 적어놓았다. 대부분의 나라는 디자인에 크게 신경 쓰지 않고 그냥 길 이름만 적어놓을 뿐인데, 쿠엥카는 유리 타일로 표지판을 만들었다. 무척 특별하고 아름다웠다. 이런 사소한 것에서조차 예술이 느껴진다.

키토의 호텔에서 연주했을 때 사람들에게 다음 목적지로 쿠엥카를 많이 추천받았다. 도시가 매우 아름답고, 부자들이 많이 살아 벌이가 괜찮을 거라고 했다. 하지만 사람들의 극찬과 달리 이 도시가 주는 감흥은 그리 크지 않았다. 너무 많은 곳을 거쳐와서 그런 걸까? 좀 더 구석구석 걸어보기로 했다. 순간 하늘에서 비가 조금씩 떨어졌다. 비는 밤까지 이어졌고, 오늘은 버스킹을 포기해야 했다.

다음 날 점심, 장비를 챙겨 거리로 나섰다. 웬만한 공원은 다 찾아갔지만 딱히 마음에 드는 장소를 발견하지 못했다. 결국 사람들이 붐비는 오래된 성당 근처에서 연주하기로 했다. 뒤쪽의 작은 광장에서는 꽃시장이 열리고 있었다. 세팅을 하고 연주를 시작했다. 사람들은 한두 명씩 근처 벤치에 자리 잡고 앉아 음악을 감상했다. 가뭄에 콩 나듯 1달러를 주는 사람들이 있었다.

한 시간가량 연주했을 때, 등에 클래식 기타를 멘 어떤 아저씨가 자전거를 타고 왔다. 행색은 영락없는 부랑자였다. 그는 자신도 기타리스트라며 잠시만 기타를 쳐볼 수 있겠냐고 물었다. 기타를 잡고 줄을 튕기는 순간 아마추어가 아님을 직감했다. 연주를 하며 노래를 부르는데, 표정과 몸동작들이 마치 뮤지컬의 한 장면을 연기하는 것 같다.

문제는 지금부터였다. 사람들이 돈을 주러 기타 가방 앞으로 오면 아저씨가 손을 내밀면서 자기에게 달라는 시늉을 하더니 돈을 받아 자기 주머니로 넣는 것이다. 한 곡만 하겠다고 해놓고선 두 번째 곡으로 이어진다. 한 곡도 어찌나 긴지 5분 이상은 되는 것 같다. 점점 화가 난다. 아저씨가 연주한 그 잠깐 동안 번 돈이 내가 한 시간 동안 번 것보다 훨씬 많다. 나는 그 돈을 내 통에 넣으라고 얘기했다. 할아버지는 능청스럽게 사람들에게 돈을 받아 내 통에 넣는 연기를 했다. 사람들은 곳곳에서 크게 웃었고, 분위기는 완전히 그의 것이 되어버렸다. 더 이상 참을 수 없었다. 세 번째 곡이 끝났을 때 억지로 기타를 뺏었다. 그러자 능청스럽게 사람들에게 인사를 하더니 유유히 자전거를 타고 사라졌다. 어처구니가 없어 얼이 빠질 지경이다. 설상가상으로 비가 오기 시작했다. 그를 위한 완벽한 타이밍이었다.

그래도 그를 인정할 수밖에 없었다. 사람들은 즐거워했고, 그의 음악 또한 좋았다. 그곳에서 아니꼬웠던 사람은 오직 나뿐이었다.

CALLE
HONORATO VAZQUEZ
UNA VIA
IMC - UMT

AVEMARIA
REDEMPTRIX CAPTIVORUM

페루, 볼리비아

Peru, Bolivia

허가증이 필요 없다고요?

"무슨 일로 오셨습니까?"

"길거리에서 연주할 수 있는 허가증을 발급받기 위해 왔어요."

"문제없어요. 당신은 연주할 수 있습니다. 우린 그런 것이 따로 없어요."

아니, 분명히 어제 저녁 미라플로레스Miraflores에서 만난 경찰은 허가증을 요구했었다. 주변에서 영어를 할 줄 아는 현지인을 찾았고, 마침 젊은 청년의 도움을 받을 수 있었다.

"제가 어제 저녁에 공원에서 연주하는데, 몇 번이나 경찰이 내게 허가증을 요구했어요. 그래서 시청에 찾아온 건데 이 직원은 자꾸만 필요 없다고 하네요. 이 직원의 말이 맞는 건가요?"

청년은 직원과 이야기를 주고받더니 흥분한 목소리로 내게 말했다.

"정말 필요 없다고 하네요. 예술가한테 대체 무슨 말이래요! 엿이나 먹으라고 해요."

"하지만 경찰에게 보여줄 수 있는 증명서 같은 게 필요한데, 받을 수 없을까요?"

"그런 건 없고, 그 부서 담당자인 로사와 이야기를 나눴다고
하세요. 그럼 될 거예요."

　　시청을 다녀왔다는 것을 증명하기 위해 사무실과 건물 전체의
사진을 찍고 라르코마르 쇼핑 센터 Larcomar Shopping Center로 출발했다.
해안가 절벽에 위치한 그곳은 페루의 수도 리마 Lima의 명소이다. 많
은 사람들이 버스킹 장소로 추천해준 곳이다. 미라플로레스 공원을
지나자 쭉 뻗은 대로가 보였다. 깔끔하고 조용했다. 거리에는 세련
된 카페와 레스토랑, 그리고 카지노가 늘어서 있다. 도로 끝까지 가
니 공원이 보인다. 많은 사람들이 그 끝의 벤치에 앉아 절벽 아래 바
다를 바라보며 휴식을 누리고 있다. 쇼핑몰은 절벽을 파내서 그 안에
지은 것이었다. 그 밑으로는 해안도로가 길게 뻗어 있다. 경비원을 찾
아가 연주가 가능하냐고 물었다. 해도 된다는 확인을 받았지만, 경찰
에게도 물었다.
　　"여기에서 연주할 수 있을까요?"
　　"허가증을 보여주십시오."
　　"제가 오늘 시청에 다녀왔는데, 필요 없다는 이야기를 들었
어요."
　　아까 찍은 시청 사진을 보여주며 담당자와 얘기했다는 말도
잊지 않았다. 경찰은 생각보다 쉽게 허락해주었다. 하지만 연주한 지
15분이 흘렀을 때, 세 명의 경찰이 찾아왔다.
　　"이곳에서 허가증 없이 연주할 수 없습니다."
　　"아침에 시청을 다녀왔는데, 그곳에선 분명히 허가증 없이 할
수 있다고 했어요."

아무리 설명해도 스페인어가 안 되니 대화가 되지 않는다. 그는 지나가는 다른 경찰을 불러 통역을 부탁했다. 다시 한 번 내 상황을 설명했다. 하지만 아무리 얘기해도 단호하게 "No!"만 외친다. 화가 나기 시작했다.

"그럼 누군가 거짓말을 하는 거네요. 시청이든 당신들이든 말이에요."

"우린 거짓말을 하지 않습니다."

"그럼 시청에 가서 경찰들은 자기들이 거짓말한 게 아니라고 하는데, 당신이 거짓말한 거냐고 물어봐야겠네요. 정확한 법을 보여주시죠. 유럽은 시청 사이트에 정확히 명시해두었습니다. 당신들 스마트폰으로 지금 내게 보여주세요."

당당히 요구하는 내 태도에 적잖게 놀란 듯하다. 스마트폰을 꺼내 찾아보는 척하지만 찾지 못했는지 없다며 완강한 태도를 굽히지 않는다. 잠시 후 몇 명의 경찰이 더 찾아왔다. 점점 겁이 났다. 20분 정도 실랑이를 벌였지만 해결책을 찾지 못해 그곳을 빠져나왔다.

다시 미라플로레스 공원을 찾았다. 이번에는 공원 맞은편에 있는 3차선 도로에서 연주를 시작했다. 해가 뉘엿뉘엿 지고 있다. 경찰 눈치 보느라 긴장한 탓에 피곤했는지 연주에 집중이 안 된다. 15분 정도 후 다시 경찰이 찾아왔고, 아까와 같은 실랑이를 반복했다. 결국 경찰 한 명과 함께 시청을 찾아갔다. 담당자인 로사를 다시 만났으면 좋겠다. 하지만 아쉽게도 업무가 종료되어 있었다.

"내일 아침 9시에 다시 만나죠. 시청에 가서 그 직원을 만나봅시다."

다음 날, 경찰과 함께 시청으로 갔다. 허가증이 필요 없다고 말한 직원을 만났고, 그 직원은 경찰과 이야기를 나누더니 이런 대답을 돌려줬다.

"오, 돈을 받는 거라면 허가증을 받아야 합니다."

"그럼 어떻게 해야 받을 수 있나요?"

"문화센터로 가보세요. 그곳에서 도움을 받을 수 있을 겁니다."

돈을 받는 것이 문제였을까? 그렇다고 버스커가 돈을 안 받을 수도 없는 노릇인데 말이다. 직원은 지도에 문화센터 위치를 표시해주었다. 멀지 않은 곳에 있어 금세 찾을 수 있었다.

"안녕하세요. 거리 연주를 위한 허가증을 받고 싶습니다."

"그건 우리 부서 담당이 아닙니다. 시청에 가서 확인하세요."

"네? 방금 시청에 다녀왔는데, 거기에선 여기로 오라던데요?"

직원은 무슨 소리냐며 의아해한다. 망연자실해 있자 직원은 안쓰러웠는지 좋은 장소들을 몇 군데 추천해주었다.

"이곳 미라플로레스는 카메라 천지예요. 하지만 구시가지 쪽으로 가면 카메라가 없어요. 그곳에 많은 연주자들이 있어요."

한 가닥 희망이 생겼다. 점심을 먹고 구시가지로 갔다. 지도를 확인하니 인도로만 표시되어 있는 라 유니온 거리La Union Street가 눈에 띄었다. 거리 곳곳에 경찰들이 보였다. 조심스레 기타를 꺼내 연주를 시작했다. 얼마 되지 않아 경찰이 출동했다. 경찰은 내게 산타 마리아 공원Parque Santa Maria으로 가면 연주할 수 있다고 했다. 장소를 옮겨 연주를 시도했다. 경찰이 출동했다. 이번에 온 경찰들은 산타 도밍고 교회Iglesia de Santa Domingo 근처 공원에서 연주가 가능하다고 한다. 또 장소를 옮겼다. 그곳은 작은 문화 공간 같았다. 곳곳에 예쁘게 디자인된 의자들과 노점상들이 보인다. 무엇보다 이미 공연을 하고 있는 밴드와 만담꾼이 보였다. 공간도 충분히 넓고, 이미 공연 중인 사람들도 있으니 안심하고 한 곳에 세팅을 시작했다. 역시나 경찰이 출동했다. 진절머리가 난다. 또 이곳이 아닌 다른 곳을 알려준다. 이리 가라 저리가라, 책임을 떠넘기기만 하는 방식에 이골이 난다.

페루

발전하는 버스커

세계의 유명 뮤지션들은 대부분 매니저나 레코드 사장 눈에 띄어 크게 성공했다. 그들은 음악과 비즈니스가 분리된 체계 속에서 오로지 음악에만 전념할 수 있었다. 물론 다 그런 건 아니다.

음악과 비즈니스를 동시에 해야 했던 나는 나름의 전략을 세우기로 했다. 버스킹을 하면서 크고 작은 변화를 시도해보기로 한 것이다. 실험이라는 표현이 더 적절할 것 같다.

첫 번째 시도는 '사람들의 공감을 얻어내는 것'이었다. 2년 전 처음 유럽을 여행할 때였다. 유럽을 여행하기 전 호주에 11개월간 머물 때는 내가 좋아하는 노래 위주로 버스킹을 했다. 그래도 사람들이 많이 좋아해주었고, 수입도 제법 괜찮았기 때문에 특별히 문제될 것이 없었다. 하지만 유럽에서는 달랐다. 나만 좋아하는 노래는 사람들의 공감을 얻어내지 못했다. 그때부터 유럽인들이 좋아하는 노래를 조금씩 연습하기 시작했다.

두 번째 시도는 '길거리 연주에 국한하지 않는 것'이었다. 유럽 여행을 마치고 모로코로 이동했을 때이다. 버스킹할 마땅한 장소를 찾지 못했을 때, 문득 예전에 카페에서 한 노인이 연주를 한 후 모자를 벗어 테이블마다 돌아다니며 돈을 받은 기억이 났다. 그때를 떠올리며 한번 시도해보기로 했다. 해변에 쭉 늘어선 야외 레스토랑에서 매니저에게 허락을 받고 연주를 시작했다. 그 결과 길거리에서의 수입 못지않게 돈을 벌 수 있었다. 그리고 멕시코 칸쿤에서도 같은 방법으로 버스킹을 했다.

세 번째 시도는 '홍보 수단을 만드는 것'이었다. 남아프리카공화국을 여행할 때였다. 치안상 모로코처럼 길거리에서 연주하는 것이 어렵기 때문에 카페나 레스토랑을 돌아다니면서 연주를 시도했는데, 나를 소개할 수 있는 것이 아무것도 없어 애를 많이 먹었다. 그래서 잠시 한국에 돌아갔을 때, 명함을 만들어 블로그 주소와 유튜브 채널 주소를 기재하고 QR 코드도 삽입했다. 그 뒤로 길거리에서 내 음악에 관심을 보이는 사람들에게 명함을 나눠주며 나를 홍보했다. 카페나 레스토랑에서도 명함을 내미는 것이 더욱 효과적이었다.

네 번째 시도는 '또 하나의 포인트를 만드는 것'이었다. 아일랜드에 3개월간 머물 때였다. 밴드 음악이 발달한 곳이라 그런지 곳곳에서 큰 규모의 버스킹 공연을 볼 수 있었다. 그에 비해 나는 앰프도 작고 음악도 잔잔하기 때문에 그들의 큰 사운드에 묻힐 수밖에 없었다. 어떻게 하면 내 음악을 어필할 수 있을까 생각하다가 선택한 것이 탬버린이었다. 한쪽 발에 탬버린을 끼고 찰랑거리며 연주하자 사람들이 나를 보기 시작했다. 탬버린은 조용한 분위기는 그대로 유지하면서 사람들의 이목을 끌어주는 중요한 도구가 되었다.

다섯 번째 시도는 '나만의 앨범을 만드는 것'이었다. 아일랜드에서 우연한 기회로 앨범을 제작했는데, 이것이 내가 한 가장 큰 시도였다. 앨범을 진열해놓으니 사람들이 전문 뮤지션으로 봐주는 것 같았다. 게다가 음악을 말로 설명하는 것보다 샘플로 들려줄 수 있어 더욱 효과적이었다. 지나가던 사람들도 앨범을 보고 말을 걸고, 그것이 구매로까지 이어지는 경우도 많았다. 앨범은 짧은 시간 안에 더 많은 수입을 내게 해주었고, 여행을 지속하게 해주는 가장 큰 수단이 되었다.

그리고 최근 이곳, 페루 리마에서 새로운 시도를 해보았다. 남미로 넘어오면서부터 나에게 관심을 갖는 많은 이들과의 대화를 시도했지만 번번이 언어의 장벽을 넘지 못했다. 한 가지 묘안을 떠올렸다. 나의 소개글을 써서 붙여놓는 것이다. 그럼 사람들과 대화를 못하더라도 짧게나마 나를 소개할 수 있다. 소개글과 더불어 판매하는 앨범 홍보글도 넣고, 여행하면서 찍은 사진들을 인화해서 기타 케이스 안에 넣어두기로 했다. 문구점에서 얇은 매직펜을 구입하면서 직원의 도움을 받아 스페인어로 정성스레 적어나갔다.

"안녕하세요. 저는 한국에서 온 기타리스트 조시입니다. 거리에서 기타를 연주하며 버는 돈으로 비행기, 버스, 숙소, 식사비를 해결하면서 ○○○일째 여행하고 있습니다. 지금까지 ○○개국을 여행했습니다. 앞으로 ○개월의 여정이 남았는데, 안타깝게도 돈이 모자랍니다. 혹시나 제 연주가 맘에 들었다면 앨범을 구입해주길 바랍니다. 총 열한 곡의 유명한 음악들이 들어 있고, 스튜디오에서 녹음해 품질이 우수합니다. 오로지 연주 음악으로만 구성되어 있습니다. 가격은 ○○○입니다. 더 많은 나라에서 제 노래를 들려드리고 싶습니다. 제 이야기와 음악을 들어줘서 고맙습니다."

페루

사각지대의 발견

파라벨라 백화점Falabella de departamentos 앞. 서툴지만 또박또박 쓴 글을 사람들이 눈을 찡그려가며 읽고 있다. 한 사람이 다 읽고 일어나면 또 다른 사람이 와서 다시 찡그리고 보기 시작한다. 그 모습이 조금 귀엽게까지 느껴진다. 카메라로 찍어 확대해서 보는 사람도 있고, 인화한 사진 속 장소가 어디냐고 묻는 사람도 있다. 30분가량을 연주했을 때 경찰이 찾아왔다. 세팅을 접는 순간에도 사람들은 계속 내 소개글과 사진을 보았고, 앨범을 구입해주기도 했다.

페루에 온 이후, 이상하게도 세팅 도중에 항상 경찰이 출동했었다. 분명히 경찰이 보이지 않아 세팅을 시작한 건데, 어떻게 알고 금세 출동한 걸까? 그러고 보니 백화점 앞에서 만난 경찰이 감시 카메라에 대해 이야기한 게 생각났다. 그래서 내가 경찰을 못 봤더라도 경찰은 금세 나를 찾았던 것이다. 하지만 어디나 사각지대는 존재하는 법. 백화점 앞이 바로 그 사각지대였다. 오늘까지 4일 정도를 이곳에서 연주했다. 다른 곳에서 연주할 때는 5분 만에 경찰이 찾아왔지만 이곳은 적어도 30분은 걸렸다. 이렇게 30분씩 며칠간 버스킹을 하며 꽤 많은 돈을 벌었다. 하지만 흡족한 마음 뒤로 또 다른 이름의 마음인 양심이 말을 건넨다. 과연 이렇게 돈을 벌어도 되는 걸까? 여행이라는 명분으로 불법을 자행한다는 것. 하지만 합법적인 곳만을 찾는 것도 쉽지 않다. 만약 그렇게 올바른 길로만 간다면 이 여행을 지속할 수 있을까?

사각지대에서 돈을 버는 것은 사실 흔한 일이다. 코스타리카에서도 마찬가지였고, 유럽에서도 경찰이 출동하면 도망가는 상인들을 쉽게 볼 수 있었다. 많은 사람들이 그렇게 살아간다. 하지만 그 사각지대를 찾았을 때, 마치 내가 범죄자라도 된 듯한 기분은 지울 수 없었다. 연주하고 있는데 저 멀리부터 다가오는 경찰이 시야에 들어오면 가슴이 두근거리고 입술이 말라온다. 무전기의 '치지직' 소리만 들려도 심장이 쿵쾅쿵쾅 뛴다.

수많은 거리에서 아름다운 풍경과 사람들의 이야기를 만났지만, 그 이면에는 고통과 괴로움이 있었다. 값을 지불하는 것일까? 여행을 위해 계속 불법으로 살아가는 일은 내게 너무 가혹했다. 피하고 싶지만 피할 수 없음이 내 목을 조이는 것 같다. 자유를 누리기 위해 여행을 시작했지만, 자유롭지 못했다. 언제나 돈이 부족했고, 마음대로 선택할 수 있는 것은 많지 않았다. 그저 자유를 연습할 뿐이었다. 행복을 연습으로 누릴 수 있던 것처럼. 한국으로 돌아가면 이 모든 불안으로부터 해방될까? 여행을 하며 오히려 더 방황만 하는 것 같다.

BAKER
venchy.com

구걸하는 두 아이

볼리비아 하면 떠오르는 것이 두 가지 있다. 다른 나라에 비해 너무나도 저렴한 물가, 그리고 남미 여행에서 빼놓을 수 없는 우유니 소금사막Salar de Uyuni이다.

페루의 공중도시 마추픽추Machu Picchu 여행을 마치고 내려와, 볼리비아의 첫 번째 도시 코파카바나Copacabana에 도착했다. 호스텔에 일찍 도착해서 짐을 맡기려니 돈을 지불하라고 한다. 화장실을 쓰려고 하니 이것도 지불해야 한단다. 어차피 여기서 묵을 건데 무료여야 하는 것 아니냐고 따져도 영어를 못하는 척, 고개만 절레절레 흔든다.

식당을 찾기 위해 마을을 돌아다녔다. 서부 영화에 나오는 모래만 휘날리는 황량한 도시 같다. 생기 없고 딱딱한 주민들은 볼리비아의 첫인상을 결정하는 데 큰 몫을 했다. 지금까지의 중남미 나라들과는 다른 분위기를 금세 느꼈다. 코파카바나에서 하루를 머문 후 다음 날 볼리비아의 수도인 라파즈La paz로 향했다.

독일의 통계학자 에른스트 엥겔Ernst Engel의 말에 따르면, 가난할수록 생활 지출 비율 중 식비가 많고 문화생활비가 적다고 한다. 이 말은 곧, 버스킹 수입에도 영향을 미친다는 말이다. 그래서 이곳에 머물면서 잠시 휴식 기간을 가질지, 아니면 그래도 연주를 시도해볼지 고민했다. 원래 계획은 다음 날 바로 우유니로 가는 것이었지만, 수입을 떠나 이곳의 사람들에게도 내 음악을 들려주고 싶다는 생각이 들었다. 결국 3일을 더 있기로 결정했다.

장비를 들고 숙소에서 가까운 산 프란시스코 광장Plaza de San Francisco으로 갔다. 중앙광장이라 그런지 밤낮이고 사람들이 많았다. 광장에는 두 명의 경찰이 있었다. 그들에게 먼저 연주가 가능한지 물었다. 역시나 돌아온 대답은 "No"였다.

인포메이션 센터에 들러 지도를 받아, 이 지역의 부촌인 소포카치Sopocachi로 향했다. 걸어서 30분 정도면 갈 것 같았다. 인도가 매우 좁았다. 다른 지역에서 만난 여행자들에게 볼리비아 소매치기에 대한 이야기를 많이 들었던 터라, 계속 뒤를 확인하면서 걸었다.

작은 공터에 세팅하고 연주를 시작했다. 10여 분이 지났지만 사람들은 잠시 들렀다 갈 뿐 돈을 넣어주지는 않았다. 신나는 노래를 시작하니 사람들이 조금씩 모이기 시작했다. 그중 몇 사람은 앨범 가격도 물어보았다. 보통은 10달러에 판매하지만 이곳에서는 50볼리비아노(약 7,000원)에 판매했다. 하지만 그마저도 비싼지 사람들은 앨범을 구입하지는 않고 동전만 몇 개 넣어주었다. 이곳은 꽤 좋은 환경을 갖추었지만 너무 썰렁했다. 이런 곳이야말로 예술이 필요하지 않을까. 다른 나라였으면 아마 이곳을 조금 더 효율적으로 사용했을텐데 하는 아쉬움이 생겼다. 40분 정도의 연주를 마치고 다시 광장으로 갔다.

　　다시 찾아간 광장은 여전히 사람들로 붐비고 있었다. 다만 아까와는 달리 광장 근처 계단에 사람들이 매우 많이 앉아 있었다. 그 뒤로는 시장으로 통하는 길이 있다. 유동인구도 많고, 앉아서 여유롭게 쉬는 현지인과 관광객이 많이 보였다. 먼저 경찰의 위치를 파악했다. 다행히 보이지 않았다. 어디선가 작은 음악 소리가 들렸다. 네다섯 살쯤으로 보이는 여자 아이 두 명이 작은 스피커에서 흐르는 음악에 맞춰 춤을 추고 있다. 그들의 앞에도 동전 통이 놓여 있다. 춤을 추면서 사람들의 부성애와 모성애를 자극해 구걸하는 것이었다. 전통 춤도 아닌 막춤을 그저 열심히 추고 있다. 그들의 표정을 유심히 보았다. 그들의 부모가 보이지 않는 곳에서 감시하고 있는 건 아닐까. 불쌍했다. 날씨도 추운데 그들의 옷은 얇고 엉성하기 그지없었다.

　　양심에 찔렸지만 그곳보다 좋은 장소가 없었기 때문에 그들 근처에 세팅할 수밖에 없었다. 기타와 앰프를 꺼내고 세팅을 시작하자, 사람들은 스페인어로 쓴 내 소개글을 보고 금세 모여들었다. 테스트를 하기 위해 줄을 튕기는데 왠지 마음 한구석이 아려왔다. 연주를 시작했지만 어린 소녀들이 신경 쓰여 제대로 집중하지 못했다. 내 음악 소리에 그들의 작은 스피커 소리는 묻힐 것이 뻔했다. 사람들이 동전을 던져주는데 그들의 비어 있던 동전 통이 떠올랐다. 뒤를 돌아 그들을 찾았다. 여전히 열심히 춤을 추고 있었다. 나는 그날 한 시간 반 만에 무려 518볼리비아노를 벌었다. 하지만 기쁜 마음보다 슬픈 마음이 더 큰 것은 왜일까.

결정

어쩌면 나는 이미 남은 기간 여행할 만큼 돈을 벌었고, 충분한 경험을 했을지도 모른다. 부유한 나라에서도, 가난한 나라에서도 어쨌든 계속 여행을 이어갈 수 있는 만큼 돈을 벌었다. 길 위에서 만난 수많은 '그들'이 생각났다. 동전 바구니를 흔드는 사람들. 그들은 같은 자리에서 여전히 구걸하고 있겠지.

라파즈에서의 마지막 날. 우유니로 떠나기 전에 다시 어제의 장소에서 연주를 했다. 어제 본 두 아이, 광장과 계단에 앉아 있는 사람들, 그리고 해가 뉘엿뉘엿 지는 분위기까지. 모든 것이 어제와 같았다. 오늘 연주가 끝나면 이곳에서의 수입을 계산해 그중 1/10을 그 아이들에게 주기로 결심했다.

연주를 시작했다. 어제와 마찬가지로 동전을 넣어주는 사람, 앨범을 구입해주는 사람들이 많았다. 버스 시간이 다 되어 한 시간 반 정도의 연주를 마치고 두 아이를 찾았다. 그런데 아이들의 모습이 보이지 않았다. 찾아다니기엔 시간이 부족했다. 어쩔 수 없이 짐을 챙겨 버스터미널로 향했다. 터미널로 가는 길에 만난 부랑자 할머니들의 차가운 손에 두 아이에게 주려던 4볼리비아노(약 620원)씩을 쥐어주었다.

　적은 돈이었지만 내게는 의미가 컸다. 이 돈은 지금까지 지나쳐온 이들에 대한 속죄의 의미가 아니다. 단순한 연민도 아니며, 투기 심리도 아니다. 내가 길 위에서 받은 사랑이 길 위를 살아가는 다른 모든 이들에게 공평하게 돌아가길 바라는 마음이었다. 하지만 가슴은 후련해지지 않았다. 오히려 늦은 결정에 마음이 아플 뿐이었다.

칠레

Chile

핫도그 열두 개만 주세요

어느덧 남미의 다섯 번째 나라에 도착했다. 오로지 육로로만 커다란 남미 대륙의 중간까지 왔다. 칠레는 볼리비아와 정반대로 물가가 비싸기로 유명하다. 그래서 여행자들은 대부분 수도 산티아고 Santiago에 오래 머물지 않고 남쪽 끝에 위치한 파타고니아 Patagonia로 향한다. 사실 나 같은 버스커에게는 비싼 물가가 오히려 도움이 된다. 코스타리카에서도 그랬듯이 말이다. 대체적으로 물가가 비싼 나라일수록 사람들이 주는 팁도 후한 것 같다.

지하철을 타고 시내 중심에 위치한 호스텔로 이동했다. 지하철 요금은 680페소(약 1,270원)로 한국과 비슷하다. 호스텔에서 잠시 쉰 다음, 연주를 하기 전 점심을 먹기 위해 주변을 둘러보았다. 메인 거리인 아우마다 거리 Ahumada Street는 바로 코앞이었다. 호스텔의 위치가 좋다는 걸 새삼 느꼈다. 아우마다 거리는 폭이 매우 넓고, 양옆으로 벤치들이 놓여 있었다. 그리고 브랜드 상점들이 즐비해 있고 곳곳에는 백화점들도 보였다. 신기하게도 품목별로 백화점의 건물이 다 달랐다. 쉽게 말해 여성복, 남성복, 전자제품을 모두 별개의 건물에서 판매하고 있다는 것이다. 그 덕분에 사람들이 한 곳에 몰리지 않아

어수선하지 않았다. 유럽처럼 거리 밖으로 음악을 틀어놓지 않아 지나다니는 사람들의 수에 비해 조용한 편이었다. 연주하기에 적합한 환경이었다.

　오늘은 일찍 연주를 마치고 볼리비아에서 결정한 일을 본격적으로 실천하기로 했다. 예전에 유럽을 여행할 때 사회복지를 전공한 여행자에게 들은 이야기가 있다. 노숙자나 부랑자에게 돈을 주면 그들은 대부분 그 돈으로 담배를 사거나 술을 사 먹는다고 한다. 결과적으로 그들의 삶이 나아지기는커녕, 오히려 악화를 부추기는 꼴이 될 수 있다는 것이다. 정말로 그들을 돕고 싶다면, 음식을 주는 것이 낫다고 한 기억이 났다.

　호스텔에서 나오면 바로 앞에 핫도그 거리가 있다. 많은 사람들이 간단한 요기나 식사를 해결하기 위해 이곳을 찾는다. 어느 핫도그 집을 찾아가 사장님에게 물었다.

"음료 제외한 핫도그는 한 개에 얼마예요?"

"600페소입니다."

"그럼 제가 12개 살 테니 7,000페소로 깎아주세요."

　사장님은 커다란 박스에 12개의 핫도그를 가지런히 담아주었다. 양손으로 박스를 든 채 그들을 찾아 나섰다. 거리를 걷다 보면 쉽게 볼 수 있을 줄 알았는데, 막상 찾으려니 잘 보이지 않는다. 처음 만난 부랑자는 핫도그를 거부했다. 아마 내가 핫도그를 파는 것으로 오해했을 수도 있겠다. 그들을 찾다가 누군가와 부딪혀 핫도그 한 개를 떨어뜨렸다. 한 사람이 못 먹는다 생각하니 속상하다.

그 다음 날도 버스킹으로 번 동전을 가지고 같은 핫도그 가게로 찾아갔다. 사장님은 나를 희한한 눈빛으로 쳐다본다. 내게 뭐라고 말을 했지만 알아듣지 못했다. 하지만 그의 몸짓은 이렇게 말하는 것 같았다.

'어디서 이렇게 많은 동전을 받은 거야?'

하지만 핫도그 가게에선 잔돈이 많이 필요하기 때문에 그에게도 나의 방문이 반가웠을 것이다. 어제와 같이 핫도그 열두 개를 주문하자 서비스로 하나 더 건넨다. 강변 근처의 공원으로 향했다. 해가 중천에 떠 있지만 아직도 자고 있는 부랑자들이 많았다. 그들을 흔들어 깨웠다. 처음에는 신경질을 부리며 손을 휘휘 저었지만, 핫도그를 보자 금세 표정이 밝아지며 고맙다는 인사를 한다. 물론 받지 않는 사람들도 있었다. 그 이유는 알 수 없었다.

칠레

경찰이 허락한 하루

며칠간 버스킹을 해보니 아우마다 거리 중에서도 휴파노스 거리Huefanos Street와 만나는 사거리가 사람들이 가장 많이 붐비는 것을 알 수 있었다. 하지만 이곳에는 경찰이 주둔해 있다. 가끔 그 경찰이 없어질 때가 있는데, 며칠 동안 그 시간을 체크해보니 대략 저녁 8시 정도였다. 그 시간에 집중적으로 연주를 시도했다. 다행히 경찰은 오지 않았다. 그러나 가끔 지나가는 경찰과 들리는 무전기 소리는 여전히 나를 긴장시켰다. 이제 언제쯤 연주하면 좋은지 타이밍을 찾은 것 같다. 이른 오후에는 경찰이 많아 항상 제재당했다. 저녁 7시쯤 휴파노스 거리에서 연주하다가 8시가 되면 사거리로 나왔다.

어느 날, 아우마다 거리에서 연주하던 때였다. 시작하고 몇 분 뒤 세 명의 경찰이 찾아왔다. 그들 중 영어를 할 줄 아는 한 사람이 내게 말했다.

"여기에서 연주할 수 없습니다."

"예전에 제가 경찰에게 분명히 들었습니다. 저녁 8시 이후로는 연주해도 된다고요."

“그 경찰의 이름을 아나요?”

“그건 기억나지 않아요. 그런데 정말입니다.”

정말이었다. 그 경찰의 이름은 기억나지 않지만 며칠 전 분명 직접 들었다. 하지만 이들이 허락해주지 않아 결국 포기하고 세팅을 접어야 했다. 경찰들은 여전히 내 앞에 서 있었다. 그리고 스페인어로 자기들끼리 얘기를 나누더니 내게 말했다.

“당신 기타 잘 치나요?”

“아, 네. 잘 칩니다!”

“특별히 오늘만 봐줄게요. 연주해도 좋습니다. 그런데 혹시 칠레 노래 중 아는 곡이 있나요?”

“한번 구글에서 찾아볼게요! 하하!”

이게 무슨 일이지? 경찰이 대놓고 눈을 감아주겠다니. 게다가 노래까지 신청하질 않나. 어쨌든 연주를 시작했다. 경찰들은 내 앞에 서서 나를 가만히 지켜보았다. 오디션을 보는 것도 아니고. 그런데 갑자기 다른 경찰들도 몰려오기 시작했다. 열 명 정도 더 온 것 같다. 순간 머릿속에 수많은 생각들이 스쳐갔다. 무전기로 그들이 나누는 소리를 상상하기 시작했다.

‘아우마다에서 버스킹하는 아시아인을 아는 경찰들은 모두 모이십시오.’

‘오늘이 네 제삿날이다.’

혹시 함정 아닐까? 주변을 둘러보니 그동안 내게 연주를 제재하러 왔던 경찰들도 보인다. 한 시간이 넘도록 그 많은 경찰들은 사거리를 떠나지 않고 머물러 있었다. 내 음악 소리를 듣고 많은 사람들이 모여들었고, 그들은 연주가 끝날 때마다 박수와 환호를 보내주었다. 하지만 나는 여전히 경찰들의 눈치를 봤다. 나를 언제 잡으려 할까?

어느새 밤 10시가 가까워졌다. 연주를 끝내자 여섯 명의 경찰이 내게 다가왔다.

"분명 내가 이 친구 스페인어 하는 걸 봤단 말이지."

"아니에요, 저 스페인어 잘 못해요."

"이것 봐, 하잖아!"

"여행하는 데 필요한 만큼만 할 뿐, 그 이상은 못 해요."

그들은 내가 스페인어를 잘한다고 생각하는 것 같다. 내가 계속 못 알아듣는 척하면서 옮겨 다니며 연주한다고 생각하는 모양이다.

"이런 경험은 처음이에요. 경찰은 언제나 저를 쫓아만 냈지, 이렇게 대화하는 것은 오늘이 처음이네요."

어쨌든 함정이 아님이 분명해졌다. 나는 그들에게 여행 이야기를 들려주기 시작했다. 연주를 제재했었던 경찰 중 한 명은 꼭 듣고 싶다며 프랭크 시나트라Frank Sinatra의 「My way」를 신청했다.

과연 그들은 내일도 허락해줄까?

케이팝 팬클럽 페스티벌

"혹시 이번 주 토요일에 시간 있어요?"

"무슨 일인데요?"

"토요일에 케이팝 팬클럽 페스티벌이 있거든요! 혹시 그곳에 같이 가지 않을래요?"

"저야 영광이죠!"

버스킹을 하며 만난 10대 소녀들은 내가 한국에서 왔다는 걸 듣고 상기된 표정으로 말했다. 며칠 후 토요일 오후 2시, 아우마다 거리에서 그들을 다시 만나 지하철을 타고 공원이 있는 역에 도착했다. 그곳에는 우리와 함께 갈 두 명의 칠레 아주머니가 있었다. 10대 소녀들과 아주머니들이 걸어가는 이 풍경이 여간 익숙하지가 않다. 서로 친구처럼 한국 노래와 한국 드라마에 대해 이야기를 나눈다. 나이를 넘어서 공통 관심사로 대화를 나누는 모습이 무척 신선했다.

공원에 도착하자 약 200여 명의 사람들이 있었다. 이미 각 팬클럽 사람들끼리 자리를 잡았다. 특히 아이돌 그룹이 많이 보인다. 그들은 좌판을 깔아놓고 앨범과 포스터, 액세서리 등을 판매하고 있다. 어떤 이들은 한글로 새긴 옷을 입고 있다. 나를 초대한 에일린은

씨엔블루의 팬이다. 그들이 모여 있는 곳으로 가서 인사를 나누고 짐을 풀었다. 이곳에서 만날 새로운 친구들에게 연주를 들려주려고 기타와 앰프를 챙겨왔다.

에일린은 나를 데리고 다니며 각각의 팬클럽에 소개시켜주었다. 그들은 나를 보자마자 깜짝 놀라며 박수까지 치며 좋아한다. 마치 한류연예인이라도 된 듯하다. 가는 팬클럽마다 그들과 사진을 찍었다. 몇몇은 한글로 쓴 문장을 보여주며 틀린 곳이 없는지 확인을 부탁했다. 어떤 사람의 티셔츠에는 이렇게 쓰여 있었다. "오빠들이랑 우리의 거리는 상관없는 거 아시죠? 항상 사랑할 거예요!" TV에서 보는 것보다 훨씬 가까이에서 한류문화를 향한 사랑을 느낄 수 있었다. 몇 년 전 싸이가 전 세계를 강타한 이후로 한류열풍은 한풀 꺾인 줄 알았는데 오히려 그것이 부채질이 되어 더 넓게 퍼져 나간 모양이다. 몇몇 팬클럽은 한국 화장품과 음식을 팔기도 했다. 공원을 한 바퀴 돌고 난 후 에일린 친구들의 요청으로 기타 연주를 들려주었다. 사실 이곳에 오기 전 한국의 최신 노래를 좀 연습해봤는데, 기타로 연주할 만한 곡을 찾지 못했다. 한국인이나 알 법한 옛날 노래들을 불러봤지만 반응이 시원찮다.

"씨엔블루 노래 중에 아는 것 없어요?"

"SS501은요?"

"나 노래방 기기 아니거든?"

아이고. 좀 더 준비해둘걸. 다른 사람의 스마트폰으로 노래를 검색했다. 씨엔블루의 「외톨이야」는 그나마 연주할 수 있겠다. 모두 함께 "외톨이야~"를 열창하고 있을 때 갑자기 다른 곳에서 큰 박수와 환호 소리가 들린다. 머리를 짧게 자른 여학생들이 한국 노래에 맞춰 춤을 추고 있다. 춤이 끝나자 에일린은 그들에게 나를 소개했다. 한국인이라는 말에 수줍어하는 모습이 귀엽다. 실력은 어설펐지만 지도해주는 사람 없이 유튜브 영상만으로 이렇게 출 수 있다니, 노력하는 모습이 참 대견하다. 앰프를 가져와 춤을 추었던 장소에 세팅을 하고 연주를 시작했다. 연주가 끝나자 주변에 있던 칠레 사람들은 평소 한국에 대해 궁금했던 것들을 묻는다.

"한국 여자들이 예뻐요, 아니면 칠레 여자들이 예뻐요?"

"아까 내가 물어봤는데 칠레 여자들이 더 예쁘다고 했어!"

"정말요?"

"아… 그게 말이야….'

어떻게 답을 해야 할지 망설여졌다.

"사실 한국 사람들은 예쁘기는 한데, 아름다움의 기준이 다들 비슷해. 그리고 너무 마른 걸 좋아하지. 그래서 볼륨감이 없어. 그렇지만 너희들은 …… 하지."

영어가 어려워 제스처로 표현해주었다. 그걸 들은 친구들은 모두 웃음이 터졌다. 모임이 끝난 후, 함께 온 아주머니들이 내게 아주 자연스럽게 이렇게 말했다.

"소주 한잔 어때?"

마치 미리 연습이라도 한 듯 말이다. 이들은 이미 몇 번이나 한국 음식점에 가보았다고 한다. 그렇게 우리는 공원을 나와 식당으로 향했다.

마리오 할아버지

프랑스 샹송 가수 에디트 피아프Edith Piaf의 「La Vie En Rose」
를 연주하고 있었다. 마리오 할아버지가 갑자기 내 옆으로 찰싹 붙더
니 노래를 따라 불렀다. 할아버지는 일주일 동안 매일 내 연주를 들
으러 왔다. 오늘은 내게 떠나기 전 함께 점심 식사를 하자고 권했다.
매일 연주하는 이곳에서 다음 날 12시 30분에 만나기로 했다.

다음 날 약속 장소에 늦지 않게 도착했다. 하지만 10분이 지
나도 할아버지의 모습이 보이지 않는다. 30분 정도 지났을 때, 전화
를 해보기로 했다. 사람들에게 되지 않는 스페인어로 사정사정하며
휴대전화를 빌렸다. 수화기 너머로 할아버지의 목소리가 들렸다. "나
여기 있어! 칠레 은행 앞!"

사거리에서 20미터 정도 떨어진 칠레 은행 앞으로 가서 할아
버지를 만났다. 레스토랑으로 가기 전에 할아버지가 버스카드를 충
전해야 한다고 해서 지하철역으로 들어갔다. 여든이 넘은 할아버지
는 가뿐하게 계단을 오르내린다. 할아버지는 젊은 시절 학교에서 영
어와 프랑스어를 가르쳤다고 한다. 그래서 나와 영어로 소통이 가능
했고, 샹송도 어렵지 않게 따라 부른 것이다.

할아버지는 오늘 절대 돈을 내지 말라고 신신당부하며 뷔페 음식점으로 나를 데리고 갔다. 마음껏 먹고 난 뒤 계산대 앞에서 '나 돈 없다'는 시늉을 하며 나보고 내라는 농담을 해 당황하게 만들었지만 그 모습이 참 귀여웠다.

"할아버지, 저 잠깐 무슨 생각을 했어요."

"무슨 생각?"

"저에게 할머니가 있는데, 지금 제 앞에 할머니가 있다면 얼마나 좋을까? 하고 상상했어요. 할머니는 지금 몸이 안 좋아서 침대에 누워 지내거든요. 할아버지처럼 뛰어다니고, 계단도 두 칸씩 오르내리고, 레스토랑에서 함께 식사할 수 있다면 좋겠어요."

그리고 할아버지에게 물었다.

"혹시 할아버지 집에 가봐도 될까요? 정말 가보고 싶어요."

"정말? 그럴래?"

"할아버지 집에서 먹으려고 디저트까지 사왔단 말이에요."

할아버지를 기다리면서 산 초코케이크를 꺼내들며 말했다. 할아버지 집을 향해 20분 정도 걸었다. 고요한 길, 담장, 푸른 나무와 수줍게 핀 꽃들의 풍경은 오래도록 잊지 못할 것이다. 우리는 길을 걸어가며 「La Vie En Rose」를 불렀다.

Quand il me prend dans ses bras

그가 나를 안아줄 때마다

Il me parle tout bas

그는 내게 속삭이며 말하곤 해요

Je vois la vie en rose

장밋빛 인생이 보인다고

Il me dit des mots d'amour

그는 내게 매일

Des mots de tous les jours

사랑의 말들을 해주고

Et ca me fait quelque chose

그 말들은 내게 무언가를 생기게 해요

Il est entre dans mon coeur

그는 내 마음속에 들어와

Une part de bonheur

내가 그 이유를 아는

Dont Je connais la cause

행복의 일부가 되었어요

퀴퀴한 냄새가 나는 집은 오랫동안 청소를 하지 않은 듯했다. 커피를 마시기 위해 물을 끓이고 컵을 씻었다. 가스레인지 주변의 찌든 때와 컵 주위의 이물질은 언제부터 묻어 있었는지 짐작조차 어렵다. 할아버지의 연세만큼이나 오래되어 보인다. 할아버지는 신이 난 모습으로 집안 이곳저곳의 가구와 사진을 보여주며 설명해준다.

한참 설명을 듣고 나자, 마치 마법에 걸리기라도 한 듯 스르르 잠이 쏟아진다.

"할아버지, 저 너무 졸려요. 조금만 자고 가도 될까요?"

"그래, 그러렴."

　　침대와 베개에서도 오래된 냄새가 난다. 커튼 사이로 들어오
는 빛에 의해 공기 중에 떠다니는 먼지들이 보인다. 초등학교 시절,
수업이 끝나고 다함께 청소할 때 햇볕에 떠 있는 먼지를 한참이나 바
라보았던 게 생각났다. 할아버지 집에서 나의 어린 시절을 회상했다.

칠레

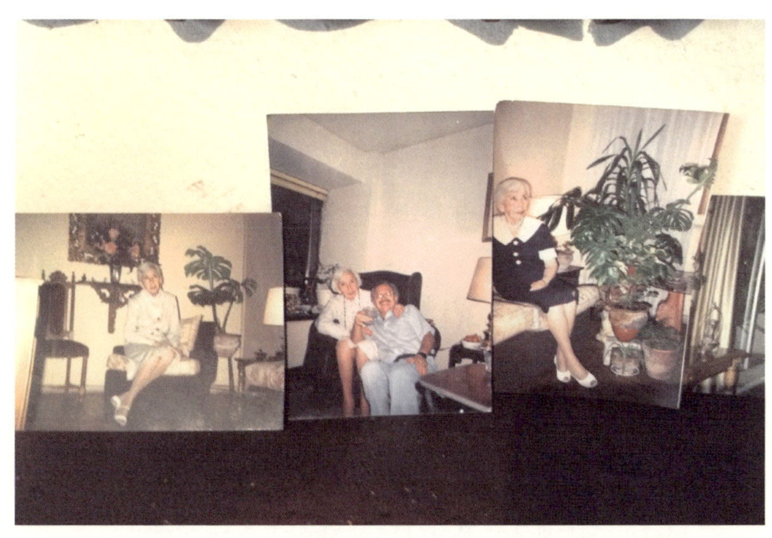

사랑받았다는 것은

산티아고에서의 마지막 밤이다. 나와 마지막을 함께 보내기 위해 소녀들과 마리오 할아버지도 찾아와주었다.

"오늘 제가 맥주 한잔 쏘겠습니다! 어때요?"

할아버지가 제일 신이 났다. 다 함께 근처 음식점으로 향했다.

"나 오늘 너무 행복해. 더 젊어진 것 같아!"

"할아버지가 저의 에너지를 가져가서 그래요. 덕분에 저는 조금 늙었고요."

"조시, 너무 고마워. 덕분에 평생 잊지 못할 추억이 생겼어."

"저도 고맙습니다!"

할아버지의 행복이 묻어나는 표정에 내가 더 기뻤다.

"할아버지. 저는 할머니를 곁에서 오랫동안 지켜보았기 때문에 할아버지의 삶을 조금이나마 이해할 수 있어요. 언제나 건강하세요."

마리오 할아버지는 이미 세 번이나 전화번호와 이름을 쪽지에 적어주었는데 또 적어주려고 한다. 이제 모두와 헤어지기 위해 일어났다. 눈물이 나려 한다. 특히나 할아버지를 생각하니 가슴이 먹먹해진다. '안녕'이라는 말과 함께 서로 등지고 헤어지는 일을 얼마나 더 반복해야 이 여행이 끝날까.

칠레에 머무는 동안 핫도그 나누어주는 일을 매일 했다. 그렇게 며칠 하다 보니 핫도그를 나눠줄 사람에 대한 구분이 생겼다. 구걸하는 사람들 중에는 생각보다 깨끗한 이들이 많았다. 어떤 아주머니는 선크림까지 발랐다. 어쩌면 그들에게는 핫도그가 그리 절실하지 않을지도 모르겠다. 반면 어떤 구걸도 하지 않는 노숙자들은 달랐다. 노숙자들이야말로 핫도그가 절실할 것 같았다. 그래서 구걸하는 사람들보다 노숙자들에게 핫도그를 나눠주기로 했다. 3주 정도를 거의 매일 나눠주다 보니 이젠 누가 어디에 자리 잡고 있는지 외울 정도였다. 나를 먼저 알아보고 다가와 핫도그를 달라는 이들도 있었다.

지금까지 길 위에서 많은 사랑을 받았다. 오늘 내가 받은 사랑은 내일 다른 이에게 사랑을 줄 기회인 것이다.

Agrupación Medio Ambiental
INFORMA INFORMS YOU
Lleve todos sus desechos
Take all your waste with you, including toilet paper
No haga fuego
Dont make fires
Dont throw cigarette filters away
Camine en fila india evitando crear senderos alternativos
Walk in single file and avoid creating new trails
Ceda el paso a caballos
Give way to horses
No haga ruido innecesario
Avoid unnecessary noise
fantasticosur
ATTENTION HIKERS!
LIMITED AVAILABILITY IN CAMPING CHILENO
BOOKINGS: REFUGIO TORRE CENTRAL
ATENCION!
CAPACIDAD LIMITADA EN CAMPING CHILENO
RESERVAS: REFUGIO TORRE CENTRAL

아르헨티나, 브라질

Argentina, Brazil

분노는 다시 나에게로

와인 생산지로 유명한 도시 멘도자Mendoza를 거쳐 열다섯 시간의 버스 이동 끝에 부에노스아이레스Buenos Aires에 도착했다. 남미 여행에서 이 정도의 이동 시간은 보통이다. 여행하는 데 돈이 있다면 시간과 체력을 아낄 수 있다. 하지만 나는 시간과 체력이 있기 때문에 굳이 돈을 더 쓸 필요가 없다. 돈을 아끼기 위해 비행기를 타지 않는 것에 대한 자기위안이다.

버스터미널에서 내려 메인 거리인 플로리다 거리Florida Street까지 걸어갔다. 이 거리에서 많은 사람들이 버스킹을 한다는 정보를 들었다. 다행히 내가 예약한 호스텔도 그 거리의 끝에 있었다. 토요일 점심인데 관광객은 물론 현지인도 많이 보이지 않는다. 심지어 문을 닫은 가게들도 심심찮게 보인다.

"캄비오Cambio! 캄비오 돌라Cambio Dolar(달러 바꿔드립니다)!"

오로지 이 말만 들릴 뿐이다. 이 거리는 암환전으로도 유명하다. 공식 환율을 적용하는 은행이나 환전소에서 하는 것보다 약 30% 이상 높게 쳐준다. 이 거리에는 한두 명이 아니라 가족 단위로 앉아 있는 부랑자들이 많다. 아이들은 또 왜 그리 많은지. 텐트를 집처럼 사용하는 사람들도 있었다.

플로리다 거리 끝에 있는 호스텔까지 30분이 걸렸다. 생각보다 더운 날씨에 온몸은 땀범벅이 되었다. 씻고 옷을 갈아입은 후 주변 관광지를 둘러보기로 했다. 과연 어떤 음악을 하는 버스커를 만날 수 있을까?

버스커들이 연주한 곳 중에서 가장 좋았다고 하는 유명 쇼핑몰 입구에 도착했다. 뒤로 움푹 파여 있어 음악이 잘 울려 퍼질 것 같다. 연주를 시작했다. 사람들이 하나둘씩 모였다. 하지만 반응은 냉랭했다. 동영상을 촬영하기에 관심이 있나 싶다가도, 곡이 끝나면 동전은커녕 박수조차 쳐주지 않고 그냥 가버린다. 몇 곡을 연주해도 같은 반응을 보이자 조금씩 마음이 상하고 힘이 빠진다. 들을 것 다 듣고, 찍을 것 다 찍었으면서 그냥 가버리다니, 화까지 난다. 다음 날도 마찬가지였다. 그나마 다행인 것은 허가증 없이 연주할 수 있다는 점이다. 몇 번 경찰을 만났지만 그들은 나를 제재하지 않았다.

며칠 동안 버스킹을 계속했지만 소득은 비슷했다. 하루를 근근이 살아갈 수 있을 만큼만 벌었다. 사실 이곳에 오기 전 몇몇의 나라에서 수입이 꽤 괜찮았던 탓에 더욱 비교하는 것도 있었다.

'그래, 맞아. 이게 원래 내 모습이었지. 그동안 너무 과분한 관심과 사랑을 받았어.'

지금의 이 상황을 그대로 받아들여야 했다. 그래도 하루 방값과 밥값은 벌었으니 이것으로도 만족해야지. 지금까지 잘 벌었다고 해서 이곳에서의 상황에 화를 내는 것은 어리석은 짓이다. 어떤 심리학 교수가 분노에 대해 한 이야기가 생각났다.

　"누군가에게 선물을 주려고 준비를 해두고 건네주었는데, 상대방이 받질 않는 거예요. 그럼 그 선물은 누구 것이 됩니까? 그래요, 다시 내 것이 되는 거죠. 분노도 그와 같은 것입니다. 상대방이 그걸 받지 않으면 그것은 다시 내게로 돌아오죠. 그리고 그렇게 쌓인 분노가 결국 스스로를 파멸시킵니다."

아르헨티나

카미니토, 탱고 무대 위에서 연주하다

카미니토Caminito 거리. 아르헨티나 최초의 항구가 있는 라 보카La boca 지구에 있는 거리로, 19세기 말 수많은 유럽인들이 이곳으로 이주해왔다. 향수에 젖은 스페인과 이탈리아 사람들의 영향으로 거리의 선술집에서는 노래와 탱고가 끊이질 않았다고 한다. 이탈리아계 노동자들이 철판으로 만든 벽에 그들의 애환을 그림으로 남기면서 지금의 카미니토 거리가 탄생했다. 형형색색의 양철집들이 그 시절을 말해주는 것만 같다. 카미니토를 조금만 벗어나도 매우 위험하니, 되도록 그 안에만 머물라고 호스텔의 리셉셔니스트는 내게 신신당부를 했다. 플로리다 거리 끝에 있는 인포메이션 센터에서 만난 한국인 친구와 함께 카미니토 거리로 향했다.

거리로 들어서자 아르헨티나 작곡가 아스토르 피아졸라Astor Piazzolla의 「Libere Tango」가 흘러나오고 있다. 한 카페에서 정장을 멋지게 차려 입은 남성과 아름다운 드레스를 입고 하이힐을 신은 여성이 춤을 추고 있다. 뒤에는 반도네온, 바이올린, 콘트라베이스가 라이브로 연주되고 있다. 그들의 열정이 내게도 전해졌다. 탱고를 라이브로 듣는 것은 처음이다. 잠시 감상에 젖어보았다. 슬픔을 간직하고

있으면서도 리듬은 느리지 않았다. 오히려 빠르고 때론 웅장하기까
지 하다. 비장함이 느껴지는 댄서들의 표정이 인상적이다. 상체보다
다리와 발을 무척 현란하게 움직인다.

　　거리를 조금 더 둘러보았다. 파랑, 노랑의 대비되는 색으로 칠
해진 집, 빨강과 노랑으로 칠해져 정열이 느껴지는 집, 분홍과 하늘색
으로 칠해 따뜻해 보이는 집들이 눈을 즐겁게 한다. 마치 어린아이가
크레파스를 들고 색에 대한 아무런 감각 없이 마구잡이로 칠한 듯하
다. 하지만 그것이 오묘하게 어울려 낯설지만 따뜻함을 풍기고 있다.
거리는 생각보다 크지 않았다. 한 바퀴 돌아보는 데 10분이 채 걸리
지 않았다.

　　사실 이곳에서 버스킹을 해볼 요량이었다. 생각해보니 이곳에
는 음악으로 살아가는 현지인들이 이렇게나 많은데, 만약 내가 버스
킹을 한다면 상도덕에 어긋나지 않을까라는 생각이 들었다. 그래서
이번에는 온전히 탱고 음악을 즐겨보기로 결정하고, 한 카페로 들어
가 음식을 시켰다. 댄서들이 20분 정도 공연을 한 다음 테이블을 돌
아다니며 팁을 받았다. 그들은 손님들에게 사진 촬영을 권했다. 여자
손님은 남자 댄서와, 남자 손님은 여자 댄서와 함께 무대 위로 올라
가 탱고 포즈를 취한 채 사진을 찍었다. 남자 댄서가 그 정열적인 얼
굴을 가까이 들이밀자 여자 손님이 움찔한다. 여기저기에서 웃음소리
가 새어나왔다. 하지만 사진 촬영 값이 50페소나 했다.

　　연주자들과 댄서들이 식사를 하기 위해 퇴장했다. 잠시 텅 빈
무대를 보고 있었다. 갑자기 그 무대에 한 번 서보고 싶다는 생각이
머리를 스쳤다. 어차피 쉬는 시간 동안 배경음악을 틀어놓을 거라면,

이왕이면 라이브 연주가 낫지 않을까? 조심히 반도네온 연주자를 찾아가 말했다.

"안녕하세요. 전 한국에서 온 기타리스트인데, 혹시 괜찮다면 쉬는 시간에 무대에서 연주를 해도 될까요? 저는 어쿠스틱 기타를 연주하는데, 앰프와 기타는 가지고 있어요. 특별히 준비해줄 것은 없어요."

혹시나 하고 물어봤는데 순순히 허락을 받았다! 흔들리는 나무 무대 위로 앰프와 기타를 세팅했다. 손님들은 무대에 오른 아시아인을 멀뚱멀뚱 바라본다. 마음을 가다듬고 연주를 시작했다. 한 곡을 마치자 박수가 쏟아진다. 손님들의 눈빛이 처음과 많이 달라졌다. 딱 한 곡만 하겠다고 부탁했는데, 손님들이 더 연주해달라는 몸짓을 보낸다. 연주자들도 몇 곡 더 하라고 한다. 총 네 곡을 연주하고 나서야 무대를 내려왔다.

버스킹은 아니었지만 탱고의 본고장에서 기타 연주를 선보일 수 있는 좋은 경험이었다. 현지의 다른 연주자들과도 협연할 기회가 생긴다면 얼마나 좋을까?

VINOS
Fischers
TANGO
SHOW

공연으로 받은 위로

며칠째 버스킹에 대한 반응과 수입은 비슷했다. 세계 여행을 시작했을 무렵이 문득 떠오른다. 오로지 제과제빵에 대한 것만 찾아다녔고, 그렇게 미래를 위해 현재를 즐기지 못했던 어리석음이 생각났다. 반복하고 싶지 않았는데 어느 샌가 전철을 밟고 있는 것 같다. 잠시 버스킹을 내려놓고 부에노스아이레스의 예술 문화를 즐겨보기로 결정했다.

카페 토르토니Café Tortoni. 아르헨티나에서 가장 오래된 카페라고 한다. 프랑스에서 넘어온 이민자에 의해 세워져 벌써 150년 이상의 역사를 지닌 곳이다. 아르헨티나의 국민작가 호르헤 루이스 보르헤스Jorge Luis Borges와 탱고의 황제라 불리는 카를로스 가르델Carlos Gardel이 단골이었고, 20세기 초 지식인과 정치인, 유명 인사들이 자주 찾는 사교 장소였다고 한다. 이곳에선 매일 밤 탱고 쇼가 열리는데, 저렴한 가격이지만 공연의 질이 매우 훌륭하다고 한다. 어제 카미니토에 함께 간 은경이가 아니었으면 이런 역사적인 곳을 그냥 지나칠 뻔했다. 간단히 저녁을 먹고 카페로 들어갔다.

카페에 들어서는 순간 박물관이 연상되었다. 높은 천장, 화려

하지는 않지만 카페를 화사하게 밝혀주는 샹들리에, 대리석의 테이블과 나무 의자, 곳곳에 걸려 있는 세월을 말해주는 사진과 그림들. 영화 속에서만 보던 과거의 시절로 잠시 여행 온 것 같다. 공연을 보기 위해 무대가 있는 지하로 내려갔다. 파란 조명이 빈 무대를 밝히고 있었다. 관객석은 무대를 향해 앞을 보고 있지 않고, 카페처럼 테이블 주변에 놓여 있었다. 앞쪽 테이블에 앉아 음료를 주문했다. 이윽고 댄서들이 나와 소개를 했고, 공연이 시작되었다. 아쉽게도 라이브 연주는 아니었다.

어둠 속에 옅은 빛이 내리고, 여성 댄서의 살갗이 드러났다. 잠시 후, 전체 조명이 켜지면서 본격적으로 여덟 명의 댄서들이 춤추기 시작했다. 발동작이 매우 현란하다. 탱고에 문외한이지만 확실히 카미니토에서 본 공연보다 수준이 높아 보인다. 갑자기 라이브 노래와 함께 뮤지컬 같은 상황이 연출되었다. 곧 탭댄스가 이어졌고, 댄서는 양발 구두 소리에 맞춰 플라스틱 공을 묶은 밧줄을 돌리며 매력적인 리듬을 만들어냈다. 속도가 점점 빨라지며 절정에 치달았다가 이내 잠잠해졌다. 대형 블록버스터급 영화의 클라이맥스 장면 같다. 홀이 좁아 댄서들의 숨소리까지 들을 수 있었다. 그들과 함께 호흡하는 동시에 그들의 감정과도 동화되는 듯했다.

다음 날엔 〈푸에르자 부르타Fuerza Bruta〉를 관람했다. '잔혹한 힘'이라는 뜻의 이 공연은 뉴욕 브로드웨이를 비롯해 세계 곳곳에서 공연되고 있다. 2013년에는 내한한 적도 있다고 한다. 오후 6시, 입장이 시작되었다. 공연장으로 바로 들어가지 않고 파티 룸 같은 곳으로 이동했다. 그곳에서는 술과 간단한 음식을 팔고 있었다. 사람들의 표정은 한껏 상기되어 있다. 이윽고 문이 열렸고, 스태프의 안내에 따라 불이 꺼져 있는 홀 안으로 들어갔다. 신나는 타악기 소리와 함께 조명이 켜지고 공연이 시작되었다.

몇 명의 사람들이 과장된 몸짓으로 큰 북을 신나게 두들겼다. 불이 꺼진 거대한 샹들리에 같은 것에 매달린 열 명 정도의 사람들이 시계추처럼 양쪽으로 움직이며 관객에게 소리를 지르고 손을 내밀었다. 거대한 커튼이 관객을 둘러싸고, 배우들은 그 커튼을 벽 삼아 종횡무진 뛰어다니며 연기했다. 천장에서는 물이 채워진 거대한 직사각형의 투명 아크릴 무대가 내려오더니, 그 위에서 여자 배우들이 음악에 맞춰 몸부림에 가까운 춤을 미끄러지듯 추었다. 마치 바다 깊숙한 곳에서 수영하는 여자를 훔쳐보는 듯한 묘한 느낌이었다. 관객과 배우는 함께 소리 지르고, 뛰고, 춤을 추며 하나가 되었다. 참여하는 공연이라는 점이 매우 인상 깊었다. 공연 속에서 표현된 다양한 연출 방법들은 정말 감각적이면서 강렬했다. 연극도, 콘서트도, 뮤지컬도 아닌 처음 접하는 문화였다.

공연이 끝나고 돌아가는 길, 아쉬운 마음들이 하나둘 지나간다. 그동안 수많은 나라를 거치는 동안 뮤지컬, 오페라, 놀이동산 등을 하나도 즐기지 못했다. 돈이 모자라 여행을 포기해야 될까봐 두려웠던 걸까? 오늘 공연을 보고 나서 깨달았다. 그때 충분히 즐겼더라면 지금보다 더 나를 사랑하고 행복에 한 발짝 가까워졌을 거라고.

나에게도 즐길 자격은 충분하다. 조금만 더 나를 위로하자.

이 또한 지나가리

포즈 두 이과수Foz do Iguazu에 도착해 환전을 하려고 남은 달러를 확인하려는 순간, 내 눈을 의심했다. 100달러짜리 신권 지폐 두 장이 온데간데없이 사라져버린 것이다. 항상 같은 곳에 아주 깊숙이 감추어놓았는데, 도대체 어디로 사라진 걸까. 부에노스아이레스를 떠나기 전 마지막으로 돈을 확인했을 때도 분명히 있었고, 항상 움직일 때마다 캐리어에 자물쇠를 채워두었기 때문에 없어졌을 거라고는 생각도 못했다. 그동안 아끼고 아꼈던 모든 것들이 떠오른다. 치가 떨린다. 다시 찾을 수 없다는 걸 뻔히 알지만, 어디서 어떻게 잃어버렸는지 추적하기 시작했다. 아무리 생각해도 부에노스아이레스에서 마지막으로 버스킹을 하러 나갔을 때인 것 같다. 누군가 부실한 호스텔 사물함의 문고리를 드라이버로 열어 가져간 것 같다. 마음만 먹으면 누구나 고리를 떼고 자물쇠를 열어 훔쳐갈 수 있는 구조였다.

세계 여행 시작 무렵, 네덜란드와 모로코, 아프리카에서 몇 번의 강도와 소매치기를 당하면서 다신 이런 일이 생기지 않길 바랐다. 그간 고생한 노력들이 모두 물거품이 되는 것 같아 가슴이 찢어질 듯하다. 시간이 약이라는 말도 있지만, 지금 당장의 쓰라림은 회복될

길이 없다. 솔로몬의 반지 안에 적힌 문구가 떠오른다. '이 또한 지나
가리.'

　　상파울루São Paulo에 도착했다. 버스터미널 간이식당의 메뉴를
보았다. 삼각김밥 크기만 한 튀김이 4헤알(약 1,850원)이다. 그리 크지
는 않아 배불리 먹으려면 두세 개에 음료까지 먹어야 할 것 같다. 아
르헨티나가 너무 저렴했던 탓인지 브라질의 물가가 비싸게 느껴진다.
　　호스텔로 가기 위해 지하철을 탔다. 지하철 요금은 3헤알. 아
르헨티나 버스 요금이 1.5페소(약 190원)이니 무려 7배나 차이가 난다.
허리띠를 바짝 졸라매야겠다. 하지만 시작부터 쉽지 않다. 주말에 상
파울루에서 큰 규모의 뮤직 페스티벌이 열려 시내의 호스텔은 만원
이 되었고, 남은 방들은 100헤알(약 46,000원)을 껑충 뛰었다. 그럼에도
불구하고 이곳에서 어떻게든 2주간 머물러보기로 했다. 사실 상파울
루는 남미 다른 도시들에 비해 크게 매력적이지 않다. 비싼 물가에 볼
거리도 그다지 많지 않아 대부분 거쳐만 간다. 하지만 코스타리카, 페
루, 칠레와 같이 물가가 비싼 나라일수록 수입이 좋았던 것처럼 이곳
에서 아르헨티나에서의 지출을 어느 정도 메울 수 있기를 기대해본다.

　　브라질에서 쓰는 포르투갈어가 스페인어와 비슷하다는 말을
들었는데, 실제로 사용해보니 길을 묻고 뭔가를 사 먹는 간단한 회화
조차 통하지 않는다. 그래서 가장 필요한 몇 가지 질문을 메모지에 적
고, 찢어지지 않도록 테이프로 붙여 목에 걸고 다녔다. 암기해야 한다
는 압박에서 자유로워지니 마음이 한결 가벼워진다.

아시아 타운, 리베르다지와 봉헤찌로

토요일 오후, 상파울루의 재팬타운인 리베르다지Liberdade를 찾아갔다. 벼룩시장이 열리는 날이라 많은 사람들로 북적였다. 아시아 문화를 알리는 부스와 갖가지 액세서리 및 음식을 파는 부스도 보였다. 안으로 좀 더 들어가 보았다. 일본의 거대한 조형물을 본떠서 만든 간판들이 눈에 띈다. 맥도널드 간판도 일본어로 쓰여 있다. 심지어 신호등 불빛 안의 그림은 일본의 신전 모양이다. 상파울루에는 아시아 문화가 오래전부터 깊이 들어와 있는 것 같다. 알고 보니 일본의 브라질 이민 역사가 100년 가까이 된다고 한다.

오늘 판매할 앨범의 케이스를 사기 위해 전자 상가 건물로 들어갔다가 우연히 한국 사람이 운영하는 가게를 찾았다. 버스킹 여행을 하고 있다고 하니 대단하다면서 시디 케이스와 약간의 간식을 내어주었다. 가장 중요한 연주 장소에 대한 정보도 알려주었는데, 지하철역 주변으로는 사람들이 모일 만한 공터가 있지만 그 외에는 그럴 만한 장소가 별로 없다고 한다. 감사 인사를 하고 지하철역으로 다시 향했다. 역 근처의 공터로 가자 두 개의 간이 편의점과 몇 개의 벤치가 보였다. 그곳에는 친구를 기다리는 듯한 사람들이 삼삼오오 모여 있었다. 세팅을 하고 연주를 시작하자 사람들이 점점 모였다. 좁은 곳이라 사람들의 통행에 방해되지는 않을까 걱정되었다. 사람들은 모르는 노래가 나오면 딴청을 피우다가도 아는 노래가 나오면 흥얼거리며 리듬을 탔다. 그런데 이상하게도 동전을 넣어주는 사람은 없는데 앨범을 구입하는 사람들은 많다.

며칠 후, 재팬타운보다 규모가 조금 작은 코리아타운, 봉혜찌로Bom Retiro를 방문했다. 한국인의 이민 역사가 50년 정도 되는 이곳은 2010년 코리아타운으로 지정되었으며, 많은 한국음식점과 카페가 있다. 오늘은 카페나 레스토랑의 매니저에게 허락을 받아 연주를 해볼 계획이다. 일본의 상징적 건물들이 많았던 리베르다지와 달리 봉혜찌로에는 한국적인 건축물이 보이지 않았다. 호주, 미국, 캐나다 코리아타운에서도 마찬가지였다. 그저 규모가 큰 음식점들이 내부 인테리어를 한국 분위기로 꾸며놓은 정도였다.

거리에는 세련된 옷가게들이 많았다. 하지만 어렸을 적 교과서에서나 보았을 법한 촌스러운 간판도 보였다. 그래도 정겨운 한국 글씨를 보니 반갑다. '철판구이', '숯불구이', '양념통닭', '오뚜기 슈퍼' 온통 먹을 것만 눈에 들어온다. 한국 식품점에 들어갔다. 라면 한 개에 3.5헤알. 거의 1,700원을 웃돈다. 다른 물품들도 한국보다 훨씬 비싸다. 먹고 싶다고 해서 쉽게 살 수 있는 가격이 아니었다.

봉혜찌로에는 총 네 군데의 카페가 있는데, 손님들이 가장 많아 보였던 '벨라빵'이라는 카페를 먼저 찾았다.

"안녕하세요. 혹시 사장님이신가요?"

"아뇨, 전 직원입니다."

"사장님과 직접 얘기를 나눠보고 싶은데 언제쯤 오면 만날 수 있을까요?"

"4시쯤 오시면 만날 수 있을 겁니다."

4시까지는 아직 두 시간 정도 남았다. 그 사이에 나머지 세 군데의 카페를 찾아갔다. 한 카페는 장소는 좋지만 손님이 없었고, 나머지 두 카페는 손님은 있지만 장소가 너무 협소했다. 간단히 점심을 먹고 4시에 맞춰 벨라빵을 다시 찾았다. 꽤 젊어 보이는 사장님을 보니 왠지 연주가 가능하리라는 기대감이 생겼다.

"안녕하세요. 기타를 들고 세계 일주를 하는 중인데, 혹시 이곳에서 제가 잠시 연주할 수 있을까요?"

"아뇨, 안 됩니다. 우린 그것에 대해 반대합니다."

사장은 서툰 한국말로 답했다. 순간 표정 관리가 되지 않았다. 마치 나를 장사꾼 취급하는 것 같다.

다시 한 번 용기를 내어 얘기했다.

"따로 연주비를 달라는 건 아닙니다. 그저 연주할 수 있게만 허락해주시면 제가 손님들에게 팁을 부탁해볼게요."

"안 돼요. 죄송합니다."

고개를 절레절레 흔든다. 카페를 나왔다. 거리에는 버스킹을 할 만한 넓은 공간이 없기도 했지만 만약 있다 해도 지금은 할 수 없을 것 같다. 온몸에 힘이 빠진다.

낡은 캐리어

언제부턴가 캐리어가 잘 움직이지 않는다. 끌고 가려니 힘이 더 들어서 수레를 밀듯 아예 반대로 밀어보기로 했다. 하지만 돌에 걸린 것도 아닌데 앞으로 나가지 못하고 고꾸라진다. 캐리어의 바닥과 바퀴가 보인다.

바닥은 다 쓸려 있고, 지탱해주는 플라스틱마저 부러져 있다. 견고했던 우레탄 바퀴는 더 이상 바퀴가 아니었다. 캐리어에는 그동안 질질 끌려왔던 흔적이 고스란히 담겨 있었다. 손가락으로 바퀴를 한 바퀴 굴려보았다. 부드럽게 돌아가지 않는다. 캐리어를 구입할 당시 매장 직원이 부드러운 우레탄 바퀴가 특징이라며 소개해준 것이 기억난다. 처음 앰프를 넣고 앞뒤로 밀었을 때 부드러웠던 느낌이 떠오른다.

여행을 시작한 2012년 3월. 4개월의 유럽 여행을 마치고 스페인 마드리드에서 이 캐리어를 구입했다. 그 후 모로코, 아프리카, 다시 유럽, 북미, 중미, 남미를 거쳐 지금까지 약 1년 4개월 정도를 나와 함께했다. 다 헐어버린 캐리어의 바닥은 마치 내 마음 같다. 사람들이 지나다니는 길 위에서 무릎을 꿇고 캐리어 바닥을 한참이나 바라보았다. 갑자기 눈물이 났다. 좀 전까지 버스킹으로 생긴 수입에 대한 기쁨은 어디로 갔는지 모르겠다. 바퀴에 동질감을 느꼈다. 처음에는 부드럽게 움직이던 바퀴가, 나에게 끌려오면서 이만큼이나 헐었다. 어쩌면 이 바퀴처럼 나도 여행에 끌려온 것은 아닐까? 내가 여행한 것일까, 여행이 나를 끌어온 것일까?

'고생 많았어.'

700일의 편지

　멕시코를 시작으로 한 중남미 여행이 브라질에서 끝났습니다. 그리고 미국을 떠난 날로부터 6개월의 시간이 흘렀습니다. 참 신기해요. 난 기타를 썩 잘 치는 편도 아닌데, 거리에서 연주만으로 살아갈 수 있었고 또 가보고 싶었던 곳까지 모두 다녀왔죠.

　시간을 묵상해보았어요. 내가 오랜 시간 여행하는 동안 친구들은 하나둘씩 결혼하고, 아이를 가진 친구들도 있네요. 고등학생 친구들은 어엿한 대학생이 되었어요. 여행 중 만났던 많은 여행자들도 한국으로 돌아갔고요. 나만 이렇게 변하지 않은 채로 계속 여행을 하고 있습니다. 시간이 흐른다는 건 알 수 없는 오묘한 것이네요.

　그걸 알게 된 순간, 쓸쓸해졌습니다. 나는 여전히 호주로 처음 여행을 떠난 스물네 살의 모습 그대로인 것 같은데, 주위를 둘러보면 새삼 시간이 흘렀다는 걸 느껴요. 여행을 하다 보면 많은 생각들이 머물렀다가 사라지곤 합니다. 마치 우리들의 만남처럼요. 오랫동안 머무는가 하면, 아주 짧게 스쳐지나가기도 합니다. 여전히 기억되는 것이 있는가 하면, 금세 사라져버리는 것도 있습니다.

나는 지금 여행이라는 긴 터널 속에서 현실이라는 문으로 향하는 그 끝 어딘가에 있습니다. 저 멀리 그 문이 보이는 것 같네요. 충분히 도전했고, 행복했고, 사랑받았습니다. 하지만 지치기도 했고, 힘도 들었어요. 돌아가고 싶은 마음이 가득하지만. 그럼에도 불구하고 내가 버틸 수 있는 이유는 이 여행의 종착지에 다다랐을 때 과연 내가 어떤 생각을 하고 결정을 할지가 궁금해서입니다. 계속 걸어가야 할 이유는 그뿐이에요.

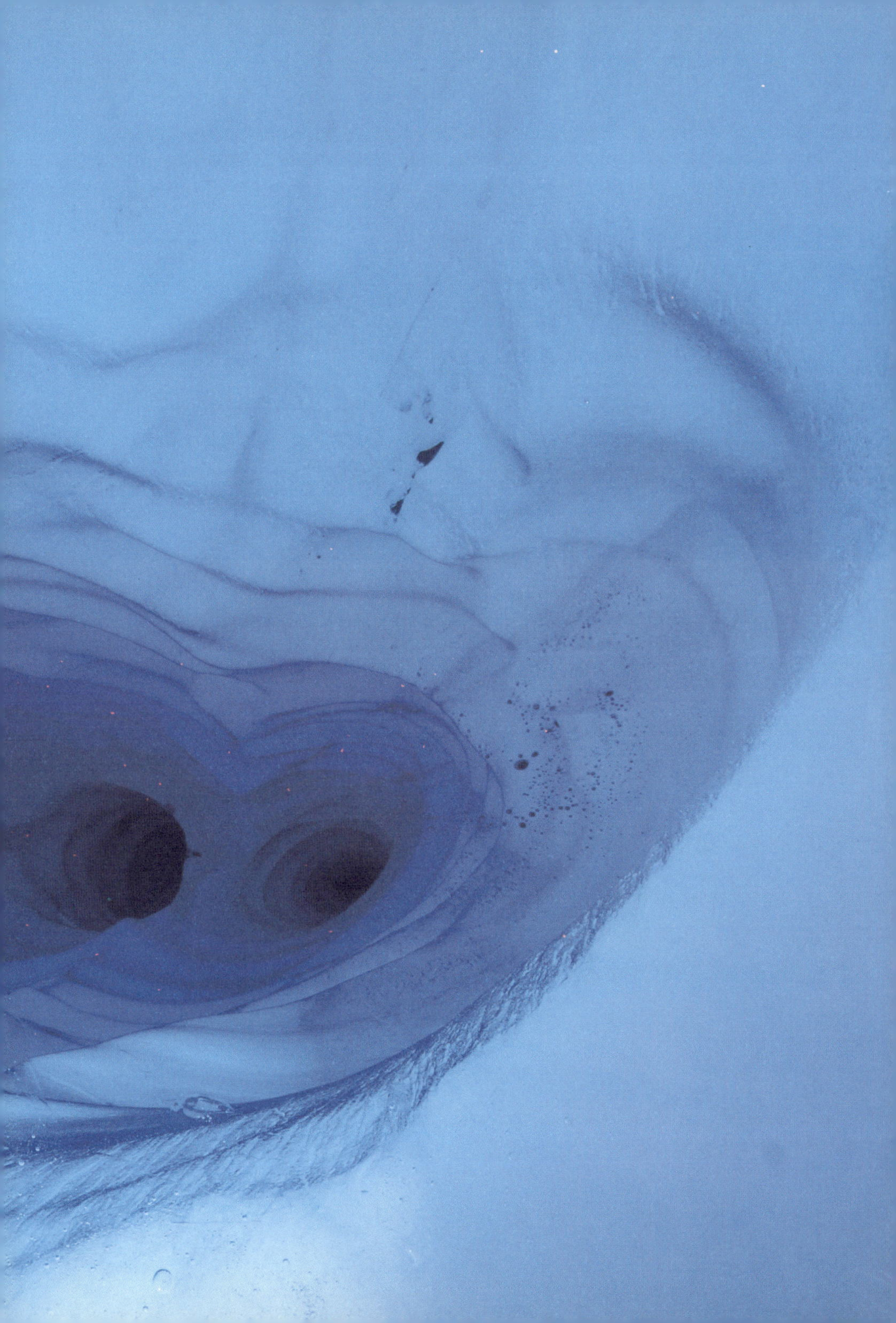

I TRAVEL THE WORLD.

터키

Turkey

버스 이야기

시동을 걸고, 버스를 출발시켰어.

오르락내리락.

때론 한 사람이 타고 두 사람이 내렸어.

때론 세 사람이 타고 아무도 내리지 않을 때도 있었어.

모두 오랫동안 이 버스에 머물렀다 가길 원했지만 그들도 가야 할 길이 있기에 놓아주어야만 한다는 걸 뒤늦게 깨달았지.

버스 요금을 특별히 정해놓지 않았어.

어떤 이들은 정직했고, 어떤 이들은 무례하기도 했지.

창밖의 풍경은 시시각각 변했어. 눈이 올 때도 있고, 비가 올 때도 있었지.

혹은 뜨거운 햇살에 창문을 활짝 열어놓고 싶을 때도 있었어.

꽉 막힌 복잡한 도로 위를, 혹은 뻥 뚫린 시원한 고속도로 위를 달릴 때도 있었지.

그곳에는 기쁨과 슬픔이 공존했어.

커다란 기쁨도 영원할 것만 같은 슬픔도 잠시 후면 사라졌지.

마치 날씨처럼 말이야.

어떤 이들은 오랫동안 함께 갔어.

그들과 이야기를 꽤 길게 나누었지만, 무슨 이야기를 나눴는지 기억이 잘 나지 않아.

딱 한 정거장만 이용하는 사람도 있었어.

하지만 그와 나눈 짧은 이야기는 가슴 깊이 남더라고.

이 버스는 아무리 지쳐도 손님을 내려줄 때말고는 멈출 수가 없었어.

그건 돌아보면 내 선택이었어.

낡아버린 바퀴와 먼지 낀 창문, 덜컹거리는 문이 지나간 시간들을 말해주고 있었어.

그것들을 보면 왜 잠시 쉬어가며 더러운 곳을 청소하지 못했고, 낡은 것들을 교체하지 못 했나, 후회되기도 해.

구름을 쫓아 달리기 시작했는데 어느 샌가 구름은 사라져 있었어.

구름은 모양을 바꾸어 생각지도 못한 곳에 다시 나타나 나를 깜짝 놀래주기도 했지.

하지만 내가 구름을 쫓아 달려간 것이 아니었어. 나와 구름은 함께 달렸던 거야.

언젠가 버스를 멈추면 장갑과 모자를 벗고, 천천히 땀을 닦고 기지개를 크게 켜겠지.

그 끝에서 지금까지 버스를 타고 내린 모든 사람들이 나를 반겨준다면 얼마나 좋을까.

호주에서의 추억

공항에서 하루 노숙을 하고 터키의 수도 이스탄불Istanbul에 도착했다. 장시간 비행의 피로를 풀기 위해 숙소 침대에 잠시 누웠다. 시차 때문인지 무려 다섯 시간이나 잠들었다. 잠에서 깰 겸 신시가지 관광지인 탁심 광장Taksim Square부터 구시가지로 연결되는 다리까지 걸어가면서 버스킹 장소를 찾아보기로 했다. 길거리에서는 군밤과 터키 전통 빵을 팔았다. 광장을 지나 도착한 이스티클랄 거리Istiklal Cad는 완전히 쇼핑 거리였다. 터키는 왠지 전통적인 것들이 많을 줄 알았는데, 의외로 현대적인 모습도 갖추고 있다. 갈라타 타워Galata Tower 앞에 자리 잡고 버스킹을 시작했다. 평소 좋아하는 일본 기타리스트의 곡을 연주하는데 누군가 물었다.

"기타 소리가 참 좋아요. 혹시 당신 노래인가요?"

그의 질문은 몇 년 전, 호주 워킹 홀리데이 시절을 떠올리게 했다.

호주 번다버그Bundaberg에서 두 달 정도 버스킹을 했을 때의 일이다. 점잖은 신사가 내게 물었다.

“당신의 노래가 참 좋습니다. 당신 노래인가요?”

“고맙습니다. 하지만 제 곡은 아닙니다. 일본 기타리스트 곡이에요.”

“그렇군요. 당신은 일본 사람입니까?”

“아뇨, 한국인입니다.”

대수롭지 않게 대화를 끝냈다. 하지만 시간이 갈수록 이 짧은 대화는 가슴 속 응어리가 되어갔다. 사실 자작곡에 대한 욕심은 없었는데, 이 대화를 계기로 매일 버스킹이 끝나면 조용한 공원에서 곡을 만들기 시작했다. 그렇게 나의 이야기를 담아 일곱 곡을 완성했다. 아마추어 기타리스트의 첫 작품이었다. 부족하지만 행복했다.

그 후로 짧지 않은 시간이 흘렀다. 그날의 기억이 떠오르자 자작곡만으로 버스킹을 하고 싶어졌다. 그동안 나는 자작곡을 거리에서 연주하지 않았다. 자신이 없었다. 내 곡을 사랑하지 못했다. 사람들의 공감을 끌어낼 만한 곡들이 아니라고, 수많은 좋은 곡들과 비교하면 형편없다고 생각했다. 어쩌면 열등감일지도 모른다.

수줍게 자작곡을 연주하기 시작했다. 가장 나다운 곡. 부족한 그대로의 나였다. 후회가 됐다. 나의 노래가 세계의 길 위에 흐를 수 있는 기회가 충분히 있었는데.

점점 여행의 끝이 보이면서 호기심 충만했던 여행 초반 무렵이 떠오른다. 달려갈 길이 많이 남았을 땐 뒤를 돌아볼 여유가 없었는데, 이제 돌아볼 여유가 조금은 생긴 것 같다. 호주에서의 일이 생각난 것도 그 때문일까.

숙소를 옮기기 위해 아침 일찍 근처의 다른 호스텔을 찾아갔다. 그곳에 있는 한국 남자가 나를 알아보고 먼저 말을 건넸다.

"우리 언젠가 만난 적 있지 않아요?"

"글쎄요. 저 갈라타 타워 앞에서 버스킹을 하는데, 그때 보신 거 아니에요?"

"기타 연주요? 혹시 호주? 바가라Bagara?!"

"와, 거길 어떻게 알아요?"

호주 워킹 홀리데이 당시 번다버그 근처에 있던 '바가라'라는 바닷가 마을에서 기타 연주를 한 적이 있다. 그때 만난 사람을 4년 후 이곳에서 다시 만나다니. 우연한 재회에 우리는 감탄을 연발했다. 그도 나와 마찬가지로 2년 계획으로 세계 일주를 하고 있었다. 출발한 지는 5개월 되었다고 한다. 나는 세계 일주의 끝을 달리고 있고, 그는 출발선에 서 있는 셈이다.

게다가 같은 날 또 다른 인연이 찾아왔다. 아일랜드를 여행할 때 알게 된 연하 누나를 갈라타 타워 앞에서 다시 만난 것이다. 그동안 케밥으로만 배를 채운 나는 연하 누나 덕분에 오랜만에 한국 음식을 먹을 수 있었다.

여행은 결국 사람과 이어진다. 돌아보면 여행은 사람으로부터 시작했고, 사람에게서 끝났다. 거리에서 기타를 연주하며 만난 사람들로부터 새로운 시작이 있었다. 이 긴 여행이 끝나가니 여행의 시작이 떠오른다. 돌아보면 그때도 사람을 통해 위로받곤 했다.

마지막 버스킹

가끔 물속에 있는 것처럼 숨 쉬는 것이 괴로울 때가 있다. 버스킹을 하면서 처음 느낀 감각이다. 캐나다에서 앨범을 녹음할 때부터였던 것 같다. 몇 시간씩 기타를 메고 캐리어를 끌고 다니며 버스킹할 자리를 찾고, 불편한 낚시 의자에 앉아 한쪽 발로 탬버린을 치며 많은 사람들이 보는 압박감을 버텨왔다. 시간이 지나면서 캐리어의 바닥이 마구 긁히듯, 기타의 상처가 늘어나듯 몸속 보이지 않는 부분들이 아파왔다. 그것은 어쩌면 자연스러운 일이었다.

터키 여행을 마치면 인도와 네팔로 넘어간다. 그곳에서는 버스킹을 하지 않을 생각이다. 여행자로서 좀 더 사색하는 시간을 갖기로 했기 때문이다. 원래는 터키에서 인도까지 최대한 육로를 이용해 이동할 생각이었다. 터키에서 조지아, 아르메니아, 이란까지 버스로 이동한 후 배를 타고 두바이로 간 뒤 비행기로 인도에 입국하려 했다. 하지만 내 몸이 그것을 허락하지 않는 것 같다. 남미에서부터 나라를 옮길 때마다 몸살에 걸렸다. 몸이 계속 살려달라고 외치고 있던 것이다.

결국 인도로 직행하는 비행편을 선택했다. 여행사에 가서 티켓을 구입했다. 지금까지의 고생에 대한 휴가증을 받은 것만 같다. 수능을 마친 고3 학생처럼, 100일 휴가를 떠나는 군인처럼 기쁘다. 이제는 기타를 들고 연주 장소를 찾아 헤맬 일도, 경찰들과 부딪힐 일도 없다. 앨범을 만들 필요도 없다. 지금까지 일상적으로 해왔던 일을 멈추어도 된다. 왠지 진짜 여행을 할 수 있을 것 같다. 하지만 마음 한편으로 걱정이 앞선다.

이제는 무명 버스커가 아닌 그냥 여행자이다. 여행을 있는 그대로 즐기면 된다. 어쩌면 내게는 낯선 일일지도 모른다. 기타가 없는 나는 무엇을 할 수 있을까? 기타가 없는 나는 누구를 만나게 될까?

내일은 이 긴 여정의 마지막 버스킹을 할 것이다.

"축하해요!"

"정말 대단하군요!"

"수고했어요."

참 듣고 싶었던 말이다. 그제야 이 여행이 끝나가고 있음을 실감했다. 갈라타 타워 앞. 사람들은 나의 연주를 듣고 박수를 보내준다. 이곳은 마지막 버스킹을 하기에 완벽한 장소이다. 따뜻한 햇살과 바람, 적당한 소음이 들리는 공원과 카페에 앉아 휴식을 취하는 사람들. 눈을 감고 연주하며 그간 버스킹했던 모든 곳을 다시 여행했다. 연주를 하기 위해 수없이 찾아 헤맸던 장소들, 경찰에게 쫓겨 다닌 매일, 눈부신 아이들의 미소, 꼬부랑 할머니의 위로, 도어맨의 한마디. 마지막이라는 단어가 나를 감정적으로 내몰았지만 마음을 다잡으려 노력했다. 그리고 약 세 시간의 연주를 끝으로 버스킹을 마무리했다.

터키

THE MYSTERIOUS TASTES OF ANATOLIA

트루먼 쇼

공항에서 영화 〈트루먼 쇼〉를 보았다. 모든 것이 가짜였던 스튜디오에서 평생을 산 트루먼. 그의 모든 생활은 전 세계에 생방송으로 중계되었다. 처음 걸음마를 뗀 순간부터 처음 거짓말을 한 순간, 첫 키스를 한 순간까지 모두. 트루먼만이 진실을 모른 채 살아온 삶. 30년의 거짓을 깨닫고 마침내 그곳을 벗어나 진짜 세계로 들어가는 그의 이야기. 어렸을 적 풍랑 속에서 아버지를 잃은 후 물을 무서워하는 트라우마와 부딪혔던 많은 순간들과 그럼에도 불구하고 목숨을 걸고 출발한 항해 끝에 다다른 가짜 세계의 끝. 그 끝에서 만난 크리스토프(트루먼 쇼의 PD)의 목소리.

"이 세상에는 진실이 없지만, 내가 만든 세상은 다르지. 거짓과 속임수뿐이지만, 내 세상에서는 두려울 것이 없네. 자넨 떠날 수 없어."

화려한 거짓말을 뒤로 한 채, 마침내 그는 출구를 열고 진짜 세계 속으로 걸어간다.

일상과 현실에서 벗어나 세계를 걸어왔다. 트루먼을 통해 출구 앞에 서 있는 나를 보았다. 어쩌면 크리스토프의 말이 맞을지도 모르겠다. 참 아이러니한 것이 하나 있다. 나는 여행자들 속에서 우월감을 느꼈다. 하지만 현실을 살아가는 이들을 볼 때면 열등감에 젖어들었다. 긴 여행 기간과 버스킹이라는 특별한 여행 수단으로 언제나 여행자들 사이에서 주목받았다. 하지만 여행은 곧 끝이 나고, 현실로 돌아가야 한다. 나는 한국에서, 현실에서 아무것도 아니다.

진정한 '여행' 속을 살아가는 사람들을 몇 번 만났었다. 그들은 여행과 일상의 중간 그 어디쯤을 살아가고 있었다. 나도 점점 그들처럼 되어가는 듯했다. 나그네 인생이 점점 익숙해졌다. 그리고 우월감과 열등감 사이에서, 여행과 현실 사이에서 방황했다.

수많은 열등감에 부딪혀야 하는 것이 두렵지만 돌아가야 한다. 어디에도 속하지 않은 채로 살아갈 수는 없다. 비록 내가 살아가야 할 곳이 거짓과 속임수뿐일지라도, 수직적 관계와 비민주적인 사회일지라도 말이다. 더 많은 눈물을 흘리고, 박수와 사랑도 받지 못할 수 있다. 하지만 이젠 세계의 길 위가 아닌 나의 그리운 고향, 익숙한 그 길을 걷고 싶다.

여행, 그 후

좋아하는 것을 찾는 방법

"만약 누가 인내를 달라고 기도하면 신은 그 사람에게 인내심을 줄까요, 아니면 인내를 발휘할 수 있는 기회를 주려 할까요? 용기를 달라고 하면 용기를 줄까요, 아니면 용기를 발휘할 기회를 줄까요? 만일 누군가 가족끼리 좀 더 사랑하고 가까워지게 해달라고 기도하면, 하느님이 뿅 하고 묘한 사랑의 감정이 느껴지도록 할까요, 아니면 서로 사랑할 수 있는 기회를 마련해줄까요?"

영화 〈에반 올마이티〉에 나오는 한 장면이다. '그래! 버스킹을 하면서 세계 일주를 해야겠다'라고 뿅 하고 한순간에 결정한 것은 결코 아니다. 스무 살, 대학을 자퇴하고 무엇을 좋아하는지 찾을 기회를 스스로에게 주었다. '좋아하는 것을 찾는 방법'은 매우 단순하다. 그냥 많은 것을 해보면 된다. 그러면 스스로 무엇을 좋아하고 싫어하는지 구별할 수 있다. 필요한 것은 단지 시간과 돈을 투자할 '용기'이다. 대부분 이런 투자를 두려워한다. 뒤처진다고 생각하기 때문이다.

여행을 떠나면 모든 것이 낯설다. 그런 낯선 환경 속에 나를 두면 또 다른 나를 발견하게 된다. 처음에는 두려웠지만 또 다른 나를 찾아가는 과정이 좋아 여행을 계속해왔다. 낯선 나를 만날수록 진짜 내 모습을 찾아갔고, 여행이 내게 주는 가장 큰 기쁨은 바로 그것이었다.

선택과 책임

만약 어제 연주했던 그 자리에 다른 버스커가 있다면 선택해야 한다. 옮길지 혹은 기다릴지. 만약 지금 머물고 있는 곳에서 지속적인 수입이 나지 않는다면 선택해야 한다. 다른 방법으로 계속 도전할지 혹은 다른 곳으로 가서 익숙한 방법으로 도전할지. 만약 돈을 얼마 벌지 못했다면 선택해야 한다. 걸어갈지, 그래도 대중교통을 이용할지. 만약 좋은 사람들과 함께할 기회가 생겼다면 선택해야 한다. 지금을 위해 사람들과 함께할 것인지, 혹은 미래를 위해 버스킹을 할 것인지.

한 곳에 머물러 있다면 상대적으로 선택할 일이 적어진다. 머물러 있지 않은 나의 삶은 선택의 연속이었다. 나는 자주 선택의 기로에 섰고, 결정해야만 했다. 독립적인 선택과 행동은 나를 훈련시켰다. 강하면서도 부드럽게, 차가우면서도 뜨겁게 만들었다.

그렇게 선택한 결과에 대해 스스로 책임을 졌다. 이성적으로 판단해 올바른 선택을 하는 것은 정말 중요하다. 결과에 대한 나의 태도가 다음 선택에 중요한 역할을 한다는 것도 알았다.

실패해도 살아야 했다. 가야만 했다. 좋다고 해서 마냥 머무를 수는 없었다. 행동이 없는 생각은 '몽상'이고 생각이 없는 행동은 '방종'이다. 세상에는 생각은 많지만 행동은 많지 않다. 그 둘 사이에 나 자신을 내던져 스스로와 싸웠다. 때론 패배하기도 했고 승리하기도 했다.

돌아올 날짜가 있는 것은 여행이지만, 돌아올 날짜가 없는 것은 그 자체가 삶이 된다. 난 그 삶 속에서 조금씩 평정심을 유지하는 방법을 배웠다.

졸업 작품

　이 여행은 대학이었다. 스스로 당위성을 부여했다. 여행에서 만난 이들은 모두 학우이며, 교수였다. 그들은 내게 다양한 문제를 던졌다. 그 문제들은 펜으로 풀 수 있는 것이 아닌 삶을 살아냄으로써 풀 수 있는 것이었다.

　여행 내내 나를 버티게 한 것이 한 가지 있었다. 바로 이 여행이라는 대학의 '졸업 작품'이 무엇일지에 대한 궁금함이었다. 여행의 마지막 날이 다가오고 있었지만, 실감이 나지 않았다. 답답하고 두려웠다. 이대로 돌아가기엔 마음이 편치 않았다. 귀국할 때 이런 마음이길 바라지 않았는데. 난 여전히 보이는 것에 집착하고 있는 걸까? 마지막 밤, 마지막 식사, 마지막 만남, 마지막 버스킹. 나는 '마지막'이라는 단어에 자꾸 의미를 부여하기 시작했고, 그로 인해 감정 소모도 늘어났다.

　인도 여행을 마친 후 네팔의 안나푸르나 등반 중 문득 생각이 스쳤다. 드넓은 모래사장에서 찾은 바늘에 실을 넣게 되는 순간이었다.

'만약 이 여행이 마지막이 아니라면?'

이 단순한 생각의 전환에서 나는 해방감을 느꼈다. 지금까지 여행과 일상을 줄곧 분리시켜왔다. 내게 있어 졸업 작품이란 '앞으로의 삶과 새로운 도전'인 것이다.

버스커를
위한 팁

버스킹과 일반 공연의 다른 점

관객이 음악을 찾아가는 것이 일반 공연이라면, 음악이 관객을 찾아가는 것이 버스킹이라고 생각합니다. 쇼핑을 하러 상점에 직접 가는 것과 지하철 안에서 물건을 파는 것에 비교하면 좋을 것 같습니다. 지하철에서는 보통 이런 상인에게 대부분 관심을 갖지 않지만, 타이밍과 아이템이 잘 맞는다면 굉장한 효과를 볼 수 있습니다.

일반 공연은 관객이 공연을 즐길 마음의 준비가 되어 있고, 뮤지션에게도 공연하기에 적합한 환경이 조성되어 있습니다. 하지만 버스킹은 관객이 따로 없고, 들을 준비도 되어 있지 않습니다. 친구랑 길을 가던 중일 수도 있고, 전화를 하던 중일 수도 있습니다. 오히려 시끄럽다며 자리를 옮겨버릴 수도 있습니다.

버스킹은 거리라는 장소의 특성상 어떤 문제가 일어날지 전혀 예측할 수 없습니다. 그리고 모여든 관객은 연주가 마음에 들지 않으면 언제든 떠날 수 있습니다.

체력

만약 오로지 한 곡만을 최선을 다해 부르고 연주한다면, 그건 어쩌면 쉬울 수도 있습니다. 세네 곡 정도까지는 수월할지도 모르겠습니다. 하지만 이렇게 가정해봅시다. 무거운 짐을 어깨에 메고 몇 시간 동안 장소를 찾아 헤매다가 겨우 자리를 잡고 노래를 시작합니다. 사람들은 점점 주위로 몰려들고, 그들은 모두 낯선 외국인입니다. 고갈된 체력으로 사람들의 시선이라는 압박을 견디면서 한 시간을 노래하고 연주한다는 것은 결코 쉬운 일이 아닐 것입니다. 혹시 실력이 뛰어나서 20~30분 만에 큰돈을 벌 수 있는 사람이라면 그 사람은 예외로 칩시다. 일반적으로는 그렇지 않으니까요.

중요한 것은 한 곡을 최선을 다해 부르는 것이 아니라, 최소 40~50분 동안 '적당한 컨디션을 유지하며 연주하는 것'입니다. 이것은 특별한 연습이 필요합니다. 특히 노래를 같이 할 경우엔 더더욱 그렇습니다. 녹음기를 켜두고, 시간을 재면서 쉬지 않고 연주해보기 바랍니다. 환경이 된다면 직접 밖에서 해보는 것이 좋습니다.

레퍼토리

반복되는 곡 없이 50분 정도를 연주할 수 있다면 적당하다고 생각합니다. 만약 본인이 인기가 많아 50분이 지난 후에도 사람들이 가득 차 있다면 쉬는 시간을 가지며 사람들과의 대화도 시도해보세요. 마치 오늘이 마지막 버스킹인 것처럼 열심히 한다면 지속할 수 없습니다. 오늘 하루만 버스킹을 하는 게 아니니까요.

그리고 곡 선택이 매우 중요합니다. 의외로 유럽 사람들이 미국 팝을 모르는 경우가 많았습니다. 세계적으로 유명한 그룹들의 노래, 방문할 나라의 유명한 노래, 그리고 본인이 좋아하는 곡을 적당히 선별한다면 충분합니다. 생각지도 못한 장소에서 내가 좋아하는 노래가 흘러나온다고 생각해보세요. 그 누구도 그냥 지나치지 않을 겁니다.

장소와 타이밍

보통 우리는 친구들과 약속을 잡을 때 모두가 아는 곳으로 만날 장소를 정합니다. 외국도 마찬가지입니다. 점심시간에 잘 살펴보면 어디가 만남의 장소인지 어렵지 않게 찾을 수 있습니다. 그리고 관광객에게 유명한 곳도 좋지만, 현지인이 모이는 곳을 찾으면 의외로 좋은 결과를 얻을 수 있습니다. 지하철역 주변도 좋습니다. 도시에 대한 정보가 없을 때는 직접 찾아보는 것도 좋습니다. 또 한국인 투어가 시작되는 미팅 포인트들도 연주 장소가 될 수 있습니다. 만약 좋은 장소를 찾았다면 그곳에서 시간대별로 버스킹을 해보세요. 버스킹은 음악이 찾아가는 것이기 때문에 타이밍이 무척 중요합니다. 낮에 했는데 반응이 시원찮았다고 실망하지 말고, 밤에 다시 찾아가 다른 분위기의 곡을 연주해보기 바랍니다.

버스킹의 종류

버스커들을 많이 볼 수 있는 유럽이나 북미권 이외의 나라에서는 치안과 장소 문제로 인해 버스킹이 어려운 곳도 많았습니다. 그럴 때에는 안전한 카페나 음식점에서 연주를 하고 테이블을 돌아다니며 팁을 받기도 했고, 아프리카에서는 고급레스토랑을 돌아다니며 직접 매니저와 만나 이야기를 통해 연주할 기회를 얻어내기도 했습니다. 아프리카 같은 경우에는 과거 영국과 프랑스 등의 식민지였기 때문에 유럽인들이 운영하는 좋은 레스토랑이 많습니다. 길거리에서 버스킹하는 것보다 더 많은 용기가 필요할지 모르지만 본인이 준비되어 있다면 도전해보길 꼭 추천합니다.

허가증 발급

많은 나라에서 정식 허가증을 발급받아야 버스킹이 가능한 제도를 만들었습니다. 불법 버스킹을 할 경우 벌금을 물어야 하는 곳도 있으니, 방문할 나라의 현지 한국 영사관 등을 통해 버스킹 관련 정보를 알아보는 것이 좋습니다.

서유럽이나 북미에서는 대부분 허가증이 필요하다는 것이 영사관 홈페이지 등을 통해 확인 가능했지만, 아프리카와 남미의 경우 대부분 정확한 법이 홈페이지에 기재되어 있지 않았습니다. 그래서 남미에서는 현지 경찰과 버스커들에게 물어보거나, 직접 한국 영사관을 통해 정보를 얻었습니다. 미국이나 캐나다, 호주는 주마다 법이 다르기 때문에 방문할 도시의 시청 홈페이지를 통해 확인해야 합니다. 바로 발급되는 나라도 있지만 정해진 날짜에 오디션을 보거나, 정해진 날짜에만 신청을 받는 나라도 있으니 미리 알아보고 움직이면 시간을 절약할 수 있을 것입니다.

주요 국가 허가증 발급 방법 및 주의사항

아일랜드	시청에 가서 직접 신청해야 하며, 바로 발급받을 수 있습니다. 발급 비용은 앰프 미사용 시 30유로, 앰프 사용 시 90유로입니다. 준비물은 여권과 여권사진 두 장입니다. 밤 11시부터 아침 9시까지는 버스킹을 할 수 없으며, 한 장소에서 최대 두 시간까지 연주 가능하며, 그 후로는 50m 이동해야 합니다. 또 버스커 간 50m의 간격을 유지해야 합니다.
캐나다	시청에서 가서 직접 신청해야 하며, 바로 발급받을 수 있습니다. 발급 비용은 42.14캐나다달러이며, 여권만 준비해 가면 됩니다. 이튼 센터 주변 거리에서는 오후 12시부터 2시 사이와 오후 5시 이후로만 가능하며, 앰프를 사용할 수 있습니다. 버스커 간 50m의 간격을 유지해야 합니다.
미국, 뉴욕	앰프를 사용하지 않을 경우에는 허가증이 필요 없습니다. 앰프를 사용하려면 지정된 경찰서에서 앰프를 사용할 수 있는 허가증을 요청해야 합니다. 발급 비용은 42달러이며, 지하철의 경우 오디션을 통해 허가증을 취득해야 합니다.
미국, 샌프란시스코	샌프란시스코에는 'Fisherman's Warf Street Performer'라는 프로그램이 있습니다. 시간을 미리 예약해 열두 군데의 장소에서 버스킹을 할 수 있기 때문에 버스커 간의 마찰도 줄고, 원하는 시간대에 할 수 있다는 장점이 있습니다. 발급 비용은 한 달에 50달러, 1년에 500달러입니다. 하지만 이 열두 군데를 제외한 곳에서는 허가증 없이 버스킹 가능합니다.
미국, LA	시청에 가서 직접 신청해야 하며 다음 날 발급받을 수 있습니다. 발급 비용은 37달러이고, 여권과 여권 사진 두 장을 준비해야 합니다. 앰프 사용이 가능하며 한 장소에서 최대 두 시간 버스킹을 할 수 있습니다. 그 후에는 두 블록 이상 이동해야 합니다. 이곳에는 버스커 관리자가 있는데, 거리를 돌아다니며 스케줄 표에 이름을 적습니다.
멕시코, 칸쿤	센트럴 지역의 마켓 21, 호텔 존의 라이슬라 쇼핑몰에서는 그곳에서 자체적으로 만든 허가증을 받아야만 버스킹이 가능하며, 그 외의 장소에서는 앰프를 사용한 버스킹이 가능합니다.
멕시코, 산크리스토발	시청에 가서 직접 신청해야 합니다.

쿠바, 아바나	쿠바는 사회주의 국가이기 때문에 공식적으로 여행자가 경제활동을 할 수 없습니다. 하지만 돈을 받지 않고 버스커들과 함께 연주하거나, 레스토랑과 카페에서 라이브 연주자들과 협연을 하는 것은 특별히 문제되지 않았습니다.
코스타리카, 산호세	음악을 담당하는 시청Concejo Muncipal에 가서 직접 신청해야 합니다. 산호세에서는 장소에 따라 경찰이 제재하지 않는 경우도 있었습니다.
칠레, 산티아고	시청에 가서 직접 신청해야 하며, 발급 소요 시간은 약 한 달입니다. 마지막 주에 다른 기관에서 심사를 거친 뒤 결과를 통보해준다고 합니다. 하지만 저녁 8시 이후로는 허가증 없이 버스킹을 할 수 있다고 합니다.
브라질, 상파울루	시청에 가서 직접 신청해야 합니다. 하지만 정식적으로 일할 수 있는 비자가 있는 사람들만 신청할 수 있습니다.

기타 문제들

버스킹을 하다 보면 동전이 많이 쌓입니다. 외국 은행은 보통 동전을 지폐로 바꿀 때 수수료를 요청합니다. 이럴 때는 동전이 필요한 곳을 찾아가면 됩니다. 가장 좋은 곳은 한국 상인들이 운영하는 슈퍼마켓과 음식점입니다. 길거리 음식을 판매하는 곳도 잘 바꿔줍니다. 실력과 운이 좋아 현금이 많아지면 계속 갖고 있는 것보다 한국으로 송금하는 편이 안전합니다. 혹은 어디에서나 통용되는 달러로 바꿔 안전한 곳에 소지하는 것도 차선책이 되겠습니다.

유럽은 날씨가 변화무쌍하기 때문에 판초를 가지고 다니면 편합니다. 연주 중에 비가 오면 악기를 모아 판초로 덮어놓으면 되기 때문에, 번거롭게 악기를 치웠다가 다시 세팅하지 않아도 됩니다. 비가 자주 오는 영국과 아일랜드, 독일에서 유용했습니다.

버스킹을 결정한 사람들을 위한 마지막 조언

모든 것을 완벽하게 준비하고 떠나는 사람이 있는가 하면, 직접 부딪히며 터득하는 사람도 있습니다. 이것은 우열을 가릴 수 없는, 사람들의 방식 차이라고 생각합니다. 저는 후자에 가까웠습니다. 사실 모든 것을 미리 알았더라면 시간과 돈을 더 절약할 수 있었을 겁니다. 하지만 제가 준비할 당시만 해도 이와 같은 정보는 얻을 수 없었습니다. 누구도 이렇게 여행하지 않았기 때문입니다. 그래서 저와 같은 꿈을 꾸고 있는 사람들을 위해 이 책을 준비하게 되었습니다.

모든 것을 준비하고 떠나든, 직접 부딪히며 터득하든, 우리는 각자 다른 이야기를 풀어낼 것입니다. 부디 어디가 될지 모를 다음 여행지에서 기타를 들고 헤매는 여러분을 발견했으면 좋겠습니다. 모두 화려한 여행 속에서 한 편의 시가 되길 바랍니다.

epilogue

일상이야말로 가장 아름다운 여행이다. 여행은 삶으로 시작해서 삶이 되고, 삶으로 끝난다. 돌고 도는 것이다. 여행이라는 거창한 타이틀에, 거창한 이야기들을 채우려 했던 것은 어쩌면 자연스럽지 못했을 것이다. 한가롭게 집에서 책을 읽다가 중국의 옛 시를 발견했다.

하루 종일 봄을 찾아 다녔으나 보지 못했네
짚신이 닳도록 먼 산 구름 덮인 곳까지 헤맸네
지쳐 돌아오니 창 앞 매화향기 미소가 가득
봄은 이미 그 가지에 매달려 있었네

이 시를 읽고 나서 무릎을 탁 쳤다. 어쩜 이리도 내 마음과 같을까.
한국에 와서 한 달간의 휴식을 끝내고, 곧바로 실용음악 입시를 준비했다. 그리고 그 다음 해, 2015년도 서울예술대학 작곡과에 입학했다. 여행에서 느낀 나의 음악적 열등감을 이겨내기 위해서, 그리고 나의 이야기를 음악으로 아름답게 풀어내기 위해서.

thanks to

호주 제타 부티크, 커먼웰스 뱅크 | **영국** 이성희 누나, 안선익 가족 | **폴란드** 바르샤바 한인교회 청년부, 박평주 형님 | **오스트리아** 최중일, 윤지원, 김수빈, 한국문화원 가족들 | **독일** 베를린한인교회 장로님 가족, 김길상 형님 | **프랑스** 고용기 목사님 가정 | **모로코** 김영목 목사님 가정 | **남아공** 박찬혁, 노수환 선생님 가정 | **탄자니아** 예수전도단 가족들, 코이카 친구들 | **아일랜드** 장은옥, 진선이형, KMSD 친구들, 더블린 한인교회 식구들 | **캐나다** 김대완 목사님 가정, 굿 뮤직 미니스트리 식구들 | **미국 뉴욕** 이기숙 이모님 가정, 뉴욕 한인교회 식구들 | **미국 샌프란시스코** 김희준 형, 허 스테파노&조이 카페, 한인교회 식구들, 할머니 권사님 | **미국 엘에이** 재원&미희 누나, 플루턴 한인교회 식구들 | **멕시코** 줄리오 세사, 코이치, 카렌, 헬렌카 | **니카라과** 니카라과 한인교회 식구들 | **코스타리카** 카무엘 가정, 산호세 한인교회 목사님가족, 김승용 형님, 이경란 집사님 가정, 민영 집사님 가정, 이철우 | **칠레** 마리오 할아버지, 제니퍼 | **아르헨티나** 송은경 | **브라질** 파울로 김 선교사님 | **한국** 최혜지, 앨범을 구입해준 많은 사람들

이 책이 나올 수 있도록 힘써주신 출판사의 모든 관계자 여러분들과 거리에서 만난 이름 모를 수많은 사람들에게 감사의 말씀을 드립니다. 무엇보다도 수화기 너머로 기도해주신 아버지 어머니께 감사드립니다. 그리고 마지막으로 처음부터 끝까지 무사히 마칠 수 있도록 인도해주신 하나님께 감사드립니다.

지구 반대편에서, 버스킹

2016년 2월 19일 초판 1쇄 펴냄

지은이	조성욱
발행인	김산환
책임편집	송유선
디자인	이아란
영업 마케팅	정용범
펴낸곳	꿈의지도
인쇄	다라니
종이	월드페이퍼

주소	경기도 파주시 광인사길 217, 3층
전화	070-7535-9416
팩스	031-955-1530
홈페이지	www.dreammap.co.kr
출판등록	2009년 10월 12일 제82호

979-11-86581-63-6 13980